"十三五"国家重点出版物出版规划项目
智能机器人技术丛书

智能机器人
人工心理方法与应用

Artificial Psychological Theory
and Application of Intelligent Robots

解仑 王志良 刘振忠 潘航 编著

国防工业出版社
·北京·

图书在版编目(CIP)数据

智能机器人人工心理方法与应用/解仑等编著. — 北京：国防工业出版社，2022.3
（智能机器人技术丛书）
ISBN 978 – 7 – 118 – 12444 – 6

Ⅰ.①智⋯ Ⅱ.①解⋯ Ⅲ.①智能机器人 – 研究 Ⅳ.①TP242.6

中国版本图书馆 CIP 数据核字（2022）第 032105 号

※

国防工業出版社出版发行
（北京市海淀区紫竹院南路 23 号　邮政编码 100048）
北京龙世杰印刷有限公司印刷
新华书店经售

*

开本 710 × 1000　1/16　印张 14¼　字数 242 千字
2022 年 3 月第 1 次印刷　印数 1—2000 册　定价 80.00 元

（本书如有印装错误，我社负责调换）

国防书店：(010)88540777　　书店传真：(010)88540776
发行业务：(010)88540717　　发行传真：(010)88540762

丛书编委会

主　任　李德毅

副主任　韩力群　黄心汉

委　员（按姓氏笔画排序）

马宏绪　王　敏　王田苗　王京涛　王耀南
付宜利　刘　宏　刘云辉　刘成良　刘景泰
孙立宁　孙富春　李贻斌　张　毅　陈卫东
陈　洁　赵　杰　贺汉根　徐　辉　黄　强
葛运建　葛树志　韩建达　谭　民　熊　蓉

丛 书 序

人类走过了农耕社会、工业社会、信息社会,已经进入智能社会,进入在动力工具基础上发展智能工具的新阶段。在农耕社会和工业社会,人类的生产主要基于物质和能量的动力工具,并得到了极大的发展。今天,劳动工具转向了基于数据、信息、知识、价值和智能的智力工具,人口红利、劳动力红利不那么灵了,智能的红利来了!

智能机器人作为人工智能技术的综合载体,是智力工具的典型代表,是人工智能技术得以施展其强大威力的最佳用武之地。智能机器人有三个基本要素:感知、认知和行动。这三个要素正是目前的机器人向智能机器人进化的关键所在。

智能机器人涉及到大量的人工智能技术:传感技术、模式识别、自然语言理解、机器学习、数据挖掘与知识发现、交互认知、记忆认知、知识工程、人工心理与人工情感……可以预见,这些技术的应用,将提升机器人的感知能力、自主决策能力,以及通过学习获取知识的能力,尤其是通过自学习提升智能的能力。智能机器人将不再是冷冰冰的钢铁侠,它们将善解人意、情感丰富、个性鲜明、行为举止得体。我们期待,随同"智能机器人技术丛书"的出版,更多的人将投入到智能机器人的研发、制造、运用、普及和发展中来!

在我们这个星球上,智能机器人给人类带来的影响将远远超过计算机和互联网在过去几十年间给世界带来的改变。人类的发展史,就是人类学会运用工具、制造工具和发明机器的历史,机器使人类变得更强大。科技从不停步,人类永不满足。今天,人类正在发明越来越多的机器人,智能手机可以成为你的忠实助手,轮式机器人也会比一般人开车开得更好,曾经的很多工作岗位将会被智能机器人替代,但同时又自然会涌现出更新的工作,人类将更加优雅、智慧地生活!

人类智能始终善于更好地调教和帮助机器人和人工智能,善于利用机器人和人工智能的优势并弥补机器人和人工智能的不足,或者用新的机器人淘汰旧的机器人;反过来,机器人也一定会让人类自身更智能。

现在,各式各样人机协同的机器人,为我们迎来了人与机器人共舞的新时代,伴随优雅的舞曲,毋庸置疑人类始终是领舞者!

李德毅

2019.4

李德毅,中国工程院院士,中国人工智能学会理事长。

前　言

随着计算机科学、心理学、脑科学、神经科学、信息科学、自动化科学的蓬勃发展,以及人们日益增长的物质文化需求,越来越多的交叉学科引起了科研工作者的重视,同时,"以人为中心"的信息技术发展也变得更为重要。自此,大量科研工作者便投身到人工心理、情感计算以及智能机器人的交叉合作领域中。针对以上学科的发展需求,本书介绍了人工心理学在机器人领域应用的主要研究成果,从心理学以及相关领域的学习研究出发,利用人工智能已有的研究基础,构建了人工心理的主要理论框架,并将框架中所涉及的人工情感、表情识别、情绪认知、情感计算的理论和技术进行了详细的阐述,并将人工心理的理论和智能机器人技术进行结合,探索了人工心理在智能机器人技术中的相关应用,设计了以辅助治疗、情感交互、老年康复和教育教学为基础具有不同功能的智能服务机器人系统。

本书的研究内容具有典型的交叉性,涉及心理学、认知科学、情感计算、机器人技术等多个学科领域。全书共分9章。第1章介绍了人工心理所涉及心理学、信息科学、情感认知以及人工智能的相关理论和关键技术;第2章介绍了人工情感中的表情识别、情感建模的方法以及常见的情感模型;第3章和第4章介绍了表情识别和情感认知的主要研究内容与相关技术;第5章～第9章构建了不同功能的智能服务机器人系统以及相关的技术支持。

本书的学术思想较为先进,内容新颖,材料丰富,理论与实际应用相结合,从基础理论与技术向应用方法逐步深入。读者既可以从中把握本领域的前沿进展,也可以选择需要的研究方向进行深度学习。

感谢北京市自然科学基金－海淀原始创新联合基金重点项目(L192005)等的支持和资助。

本书内容涉及多个学科前沿,知识面较为广泛,作者的认识领悟能力有限,书中有些观点和见解如有不妥之处,敬请各位专家及广大读者批评指正。

目 录

第 1 章 绪论

1.1 心理学的基本理论 ··· 1
1.1.1 基本概念 ··· 1
1.1.2 情绪和情感 ·· 2
1.1.3 关于情绪的理论 ·· 5
1.2 人工智能 ··· 7
1.2.1 人工智能的基本概念 ··· 7
1.2.2 人工智能研究的基本问题与主要研究领域 ················· 8
1.3 人工生命 ··· 17
1.4 感性信息科学 ·· 18
1.4.1 感性与感性信息 ·· 18
1.4.2 感性科学的研究途径 ··· 19
1.4.3 感性科学的研究内容 ··· 20
1.5 情感计算 ··· 21
1.6 人工心理学 ·· 23
1.6.1 人工心理学理论的产生及研究内容 ···························· 23
1.6.2 人工心理学的应用 ·· 24
1.6.3 人工心理学与人工情感 ··· 25
1.6.4 人工生命、人工智能、人工心理学的关系 ················· 27
1.7 人工情感建模进展 ··· 27
1.7.1 关于情绪系统的理论模型 ··· 28
1.7.2 关于情绪系统的计算机应用模型 ······························· 31

第 2 章 人工情感

2.1 表情识别 ·· 34
   2.1.1 表情的人文研究 ·· 34
   2.1.2 表情的工学研究 ·· 36
   2.1.3 计算机表情识别的难点 ·· 41
2.2 情感建模 ·· 42
   2.2.1 情绪心理学的基本概念 ·· 42
   2.2.2 心理学中情绪与表情的理论 ··· 43
   2.2.3 情绪的维度表示 ·· 46
   2.2.4 情感建模的研究进展 ··· 47
2.3 情感模型 ·· 48
   2.3.1 Salt&Pepper 模型 ·· 48
   2.3.2 EM 模型 ··· 49
   2.3.3 隐马尔可夫模型 ·· 49
   2.3.4 基于欧氏空间的情感建模方法 ·· 50

第 3 章 人脸表情识别

3.1 人脸表情分类 ·· 51
3.2 表情识别的步骤 ·· 52
3.3 人脸检测与定位 ·· 52
   3.3.1 基于统计的人脸检测 ··· 53
   3.3.2 基于知识建模的人脸检测方法 ·· 53
   3.3.3 AdaBoost 机器学习算法 ··· 55
3.4 典型的人脸表情识别算法介绍 ··· 55
   3.4.1 基于几何特征的识别方法 ··· 56
   3.4.2 主成分分析方法 ·· 57
   3.4.3 小波变换 ··· 58
   3.4.4 基于光流的方法 ·· 58
3.5 常用的人脸表情数据库 ··· 59

第4章 视觉关注与表情中的情绪认知

4.1 认知模型 ... 61
4.2 计算式认知方法 ... 62
4.2.1 信息加工理论 ... 62
4.2.2 视觉感知理论 ... 63
4.2.3 选择性关注模型 ... 64
4.2.4 视觉特征转移模型 ... 65
4.2.5 视觉转移过程中的关注度建模 ... 66
4.3 基于表情的情绪认知 ... 68
4.3.1 面部特征区域的划分 ... 68
4.3.2 表情特征提取 ... 70
4.3.3 表情情绪的分类与映射 ... 71
4.3.4 实验及结果分析 ... 74
4.4 基于微表情的情绪认知 ... 75
4.4.1 基于三维梯度投影描述的微表情捕捉 ... 76
4.4.2 微表情的特征提取与降维 ... 78
4.4.3 基于梯度量级加权的微表情分类 ... 80
4.4.4 实验及结果分析 ... 81

第5章 基于人工心理情感机器人辅助治疗系统

5.1 情感机器人平台 ... 86
5.2 情景交互中的情绪调节 ... 87
5.2.1 音频特征参数提取 ... 88
5.2.2 机器人的状态初始化 ... 89
5.2.3 机器人的情绪状态转移 ... 90
5.2.4 情绪转移的计算 ... 90
5.2.5 情景交互实验 ... 91
5.3 孤独症交互式辅助治疗系统 ... 93
5.3.1 辅助治疗系统总体框架 ... 93

5.3.2 孤独症辅助治疗的交互模式 96
5.3.3 量表评估及数据库子系统 101
5.4 实验与结果分析 104
5.4.1 实验设计 104
5.4.2 疗效分析 104

第6章 基于人工心理的人机表情交互系统

6.1 仿人机器人的整体设计 108
6.1.1 仿人机器人的系统结构 108
6.1.2 仿人机器人的机构设计 110
6.1.3 仿人机器人的功能模块 112
6.2 空间中的心理能量 113
6.2.1 空间中情感状态的描述 113
6.2.2 空间中心理能量的定义 114
6.3 机器人的表情调节 114
6.3.1 机器人的情感调节 114
6.3.2 情感状态的强度 115
6.3.3 情感强度的衰减 115
6.3.4 仿人机器人的情感表达 116
6.4 系统设计实验 117
6.4.1 人机交互管理系统设计 117
6.4.2 人机表情交互的情感计算构架 119
6.4.3 仿人机器人的情感表达与控制 119

第7章 基于人工心理学的个人机器人平台

7.1 概述 121
7.1.1 个人机器人技术的发展 121
7.1.2 个人机器人的相关技术 123
7.1.3 APROS-I型服务机器人实现的功能 123

7.2 运动系统组成结构 124
7.2.1 移动运动系统 124
7.2.2 机器人躯体、上肢运动系统 126
7.2.3 机器人的头部运动系统 127
7.3 控制系统硬件体系结构 130
7.3.1 基于CAN总线的分布式控制体系结构 130
7.3.2 分层结构 133
7.3.3 节点结构 133
7.3.4 故障诊断与处理控制器 134
7.3.5 控制系统功能 135
7.3.6 多传感器信息融合 136
7.4 软件体系结构 136
7.5 情感状态与情感行为决策 137
7.6 系统通信软件设计 139
7.6.1 CAN控制器初始化 139
7.6.2 数据发送 139
7.6.3 数据接收 139

第8章 基于人工心理的养老服务机器人系统

8.1 养老陪护机器人系统 141
8.1.1 养老陪护机器人的系统组成部分 141
8.1.2 养老陪护机器人的整体工作流程 143
8.2 系统的无线通信方式 144
8.2.1 系统的无线通信过程 144
8.2.2 STA通信模式 144
8.2.3 Socket通信模式 144
8.2.4 系统的指令组成 147
8.3 养老陪护机器人系统的软件平台 148
8.3.1 软件开发环境及配置 148

8.3.2　程序运行流程及效果 ……………………………………………… 150
 8.4　养老陪护机器人的用户头部姿态识别 …………………………………… 151
   8.4.1　主动形状模型描述 …………………………………………………… 152
   8.4.2　基于面部特征点的头部姿态估计 …………………………………… 154
   8.4.3　基于主动形状模型的头部姿态估计 ………………………………… 158
   8.4.4　头部姿态估计结果分析 ……………………………………………… 159
 8.5　养老陪护机器人的用户表情识别 ………………………………………… 163
   8.5.1　面部特征区域的划分 ………………………………………………… 163
   8.5.2　基于 Gabor 小波的面部特征提取 …………………………………… 165
   8.5.3　局部二值化特征降维方法 …………………………………………… 168
   8.5.4　基于 LGBP 特征提取与协作表示的表情识别方法 ………………… 171
   8.5.5　实验结果分析 ………………………………………………………… 174

第 9 章　基于微表情语义认知的情感交互研究

 9.1　基于时空梯度特征的视觉关注区域检测 ………………………………… 177
   9.1.1　面部区域选取 ………………………………………………………… 178
   9.1.2　局部时空梯度特征描述 ……………………………………………… 179
   9.1.3　视觉关注区域检测 …………………………………………………… 180
 9.2　基于视觉注意力的上下文语义认知和特征稀疏化 ……………………… 182
   9.2.1　时间上下文认知 ……………………………………………………… 183
   9.2.2　空间上下文认知 ……………………………………………………… 184
   9.2.3　微表情细粒度特征的稀疏编码 ……………………………………… 185
   9.2.4　结合上下文认知的微表情稀疏表达 ………………………………… 187
 9.3　基于情感信息熵的微表情特征迁移与情感建模 ………………………… 188
   9.3.1　基于情感信息熵的特征差异性 ……………………………………… 188
   9.3.2　稀疏子空间下的特征迁移学习 ……………………………………… 190
   9.3.3　融合特征迁移的宽度学习系统 ……………………………………… 192
   9.3.4　个性化特征节点层的构建 …………………………………………… 193
   9.3.5　基于多层 SVD 的增量式网络更新机制 …………………………… 194

9.4 基于 Gross 认知的情感状态转移模型 ……………………… 195
  9.4.1 基于性格特征和刺激强度的情感认知重评策略 …………… 197
  9.4.2 基于 HMM 的情感状态转移模型 …………………………… 198
9.5 基于自闭症儿童交互机器人的情感模型验证 ………………… 199
  9.5.1 自闭症儿童交互机器人 ……………………………………… 200
  9.5.2 实验设计 ……………………………………………………… 201
  9.5.3 结果分析 ……………………………………………………… 203
参考文献 ……………………………………………………………… 206

第 1 章 绪 论

在信息科学领域,大家一直把模仿人、模仿人脑、模仿人的智能、模仿人的行为作为重要的研究方向和内容。回顾自动化科学和技术的发展历史,更能看出人们是把脑科学、心理学、神经科学作为神经机械学(拟人控制)、自控理论的源泉,对控制策略和算法进行研究的。我们也希望沿着这个思路,从心理学以及相关领域的学习研究出发,探索、研究并试图开辟智能学科以及信息科学的新领域。

众所周知,经过几十年的研究,尤其是随着大数据、深度学习的发展,人工智能的研究已经达到了很高的水平。然而,它的研究目的只是在于模拟人的智能,如判断、推理、证明、识别、感知、理解、设计、思考、规划、学习和问题求解等思维活动。研究内容是怎样表示知识、获得知识并使用知识。这在拟人化的研究领域还只是很初步的阶段。因为人的心理活动包括感觉、知觉、记忆、思维、情感、意志、性格、创造等方面,而人工智能仅仅研究了感觉、知觉、记忆、思维等心理活动,对于情感、意志、性格、创造等心理活动根本不涉及,这显然是不够的。因此,利用人工智能已有的基础(研究成果、研究方法),结合心理学、脑科学、神经科学、信息科学、计算机科学、自动化科学的新理论和新方法,对人的心理活动(尤其是情感、意志、性格、创造等)全面进行人工机器模拟,这正是我们研究人工心理理论的基础和目的。

由于个人机器人的产生和发展的需要,在人工智能、日本的感性信息科学以及美国的情感计算基础上,北京科技大学王志良教授在其论文《人工心理学——关于更接近人脑工作模式的科学》中首次提出了"人工心理学"的概念。为了更好地把握"人工心理学"的研究内容与研究方法,本章将对"人工心理学"及其涉及的理论基础作一简要的论述与回顾。

1.1 心理学的基本理论

1.1.1 基本概念

心理学是研究人的心理活动及其发生、发展规律的科学。人的心理活动包括紧密联系两个方面:心理过程和个性。

人的心理过程就其性质与功能来说可以分为认识过程、情绪情感(情感)过程、意志过程三个方面。

(1) 认识过程(认知)。认识过程是指人由表及里、由现象到本质地反映客观事物的特性与联系的心理活动。人的认识过程包括对客观事物的感觉、知觉、记忆、思维和想象等过程。

(2) 情感过程(情)。情感过程是指人对客观事物是否满足自身物质和精神上的需要而产生的主观体验的心理活动,它反映的是客观事物与人的需要之间的关系,包括喜、怒、哀、乐、悲、憎、惧等情绪和情感。

(3) 意志过程(意)。意志过程是指人为了满足某种需要,在一定动机的激励下,自觉确定目标,克服内部和外部困难并力求实现目标的心理活动。意志过程是人的能动性的表现,即人不仅能认识客观事物,而且还能根据对客观事物及其规律的认识自觉改造世界。

人的认识过程、情感过程、意志过程统称为心理过程。它们在人的心理活动中并不是单独存在,而是相互联系、相互影响的统一的心理活动过程。

个性是指一个人的整个心理面貌,它是个人心理活动的稳定的心理倾向和心理特征的总和,个性的心理结构主要包括个性倾向性和个性心理特征两个方面。

(1) 个性倾向性。个性倾向性是指人所具有的意识倾向,它决定着人对现实的态度以及对认识活动对象的趋向和选择。它是人从事活动的基本动力,是推动人进行活动的系统,其中主要包括需要、动机、兴趣、理想、价值观和世界观。

人的个性倾向性是在社会实践中形成、发展和变化的,它反映了人与客观现实的相互关系,也反映了一个人的生活经历。当一个人的个性倾向性成为一种稳定而概括的心理特点时,就构成了一个人的个性心理特征。

(2) 个性心理特征。个性心理特征是指一个人经常稳定地表现出来的心理特点。它主要包括能力、气质和性格,是多种心理特征的独特组合,集中反映了一个人的心理面貌的类型差异。

1.1.2 情绪和情感

1. 基本概念

人在认识世界和改造世界的过程中,与周围世界交互作用,与现实事物发生多种多样的联系和关系。现实事物对人总是具有一定的意义,人对这些事物就抱有一定的态度。人对客观事物的态度与人对事物的认识有所不同,它总是以带有某些特殊色彩的体验的形式表现出来。例如,顺利完成工作任务使人轻松和愉快;失去亲人带来痛苦和悲伤;面对敌人的挑衅引起激动或愤怒;遭遇危急可能引起震惊或恐惧;美好的事物使人发生爱慕之情,丑恶的现象令人产生憎恶之感。所有这些喜、怒、悲、愤等,都是人的主观体验,而这些不同的体验,是以人的不同的态度为转移的。因此,情绪和情感就是人对客观事物的态度的一种反映。

人对客观事物采取怎样的态度,要以某事物是否满足人的需要为中介。客观事物对人的意义,也往往与它是否满足人的需要有关。同人的需要毫无关系的事物,人对它是无所谓情感的,只有那种与人的需要有关的事物,才能引起人的情绪和情感。依人的需要是否获得满足,情绪和情感具有肯定或否定的性质。凡是能满足人的需要的事物,会引起肯定性质的体验,如快乐、满意、爱等;凡是不能满足人的需求的事物,或与人的意向相违背的事物,则会引起否定性质的体验,如愤怒、哀怨、憎恨等。情绪和情感的独特性质正是由这些需要、需求或意向所决定的。

2. 情绪和情感的基本成分

情绪和情感是由独特的主观体验、外部表现和生理唤醒组成的。

主观体验是个体对不同情绪和情感状态的自我感受。喜、怒、哀、惧等主观感受,不同的人对同样的事物或者同一个人在不同的时间、地点和条件下对同样的事物,其主观感受可能是很不同的。即使同属一种主观感受,如"喜",每个人感到的"喜"可能不同,甚至同一个人每次感受到的"喜"也可能很不相同。喜、怒、哀、乐等主观感受称为情绪体验。任何一种情绪都具有情绪体验。

一定的情绪状态总伴有内脏器官、内分泌腺或神经系统的生理变化,例如,表现为血压升高或降低、呼吸加快或变慢、胃肠运动加强或减弱、瞳孔扩大或缩小等由自主神经系统变化所引起的生理反应。情绪状态时的这些生理反应称为情绪唤醒。任何一种情绪都伴有情绪唤醒。

情绪总是或隐或现地有行为表现的。人的许多情绪体验有明显的外部表现,例如,高兴时笑容满面,悲哀时哭丧着脸等,但有些情绪可能只有内心的感受而无明显的行为表现,特别是由于人通过学习对情绪的表现具有自我控制能力后,许多情绪往往不表现在明显的外部行为上。情绪在行为上的表现称为情绪行为(或表情)。

3. 情绪分类及维度表示

情绪是复杂的现象,对于如何划分情绪和情感的种类有不同的看法,对于如何描绘情绪主要有三种方法。

(1)基本情绪。基本情绪论认为情绪在发生上有原型形式,即存在数种泛人类的基本情绪类型,每种类型各有其独特的体验特性、生理唤醒模式和外显形式,其不同形式的组合形成了所有的人类情绪。对于哪些是基本情绪有不同的看法,最常被提到的是厌恶、愤怒、高兴、悲伤、害怕等。

（2）维量。情绪的维量（Dimension）是指情绪在其所固有的某种性质上，存在着一个可变化的度量。例如，紧张是情绪具有的一种属性，而当任何种类的情绪发生时，在其紧张这一特性上可以有不同的幅度，紧张度就是情绪的一个维量，或一个变量。

情绪的维量幅度变化有一个特点，维量具有极性（Polarity），即维量不同幅度上的两极。例如，紧张维的两极为"松缓—紧张"。情绪的维量与极性是情绪的一种固有属性，在情绪测量中必须把它作为一个变量来加以考虑。

维度论认为几个维度组成的空间包括了人类所有的情绪。维度论把不同情绪看作是逐渐的、平稳的转变，不同情绪之间的相似性和差异性是根据彼此在维度空间中的距离来显示的。迄今提出的维度划分方法是各式各样的，下面是对一些维度理论的总结。

W. Wundt 认为，感情过程是由三对感情元素构成的。每一对感情元素都具有处于两极之间的程度变化，它们是愉快—不愉快、兴奋—沉静、紧张—松弛这三个维量。每一种情绪在具体发生时，都按照这三个维量分别处于它们两极的不同位置上。W. Wundt 的感情三维理论虽然建立在主观推测的基础上，但它至今仍有理论和实际的意义。

H. Schosberg 按照 R. S. Woodworth 早期关于依据面部表情对情绪实行分类的研究，提出了一个三维量表。他提出的三维量表是根据具体情绪提出的第一个维度量表。根据这个量表，可以把任何情绪准确地予以定位。

Krech 认为，强度是指各种情绪由弱到强的变化范围；紧张水平是对要发生动作的冲动而言；复杂度是对多种情绪组合而成的复杂情绪度量；快感度指的是情绪在不愉快和愉快之间的变化。根据情绪的四维度模式，我们可以对情绪进行描述，其强度有多大、紧张水平如何、快感度有多大、复杂程度怎样等，这样就顾及了情绪的各个方面了。

Blumenthal 认为，情绪是注意、唤起和愉快三种因素的结合，据此，我们可把这三种因素的特定结合解释为某种情绪。

Frijda 认为，情绪是愉快/不愉快、兴奋、兴趣、社会评价、惊奇和简易/复杂的混合体。

Watson 根据对儿童进行的一系列观察，假定有三种类型的基本情绪反应——恐惧、愤怒和爱。他把这三种反应标示为 X、Y 和 Z。

Millenson 认为，有些情绪是基本需要（焦虑、欢欣和愤怒），其他情绪则是这些基本情绪的合成。他采用 Watson 的 X、Y 和 Z 因素，发展出一个三维度的情绪坐标系统，以这三种原始情绪作为基本轴线。他也知道该模式没有包括所有的人类情绪，但他认为那些被排除在外的情绪只是原始情绪的混合物。

Izard 最初提出的八种维量是从众多的对情绪情境作自我评估的数据中得出的,后经筛选确定了四个维量。筛选掉的四个维量是活跃度、精细度、可控度和外向度。Izard 对所选的四个维量解释是:愉快维,这是评估主观体验最突出的享乐色调方面;紧张维,这是表示情绪的神经生理激活水平方面的;冲动维,涉及对情绪情境的出现的突然性,以及个体缺乏预料和缺少准备的程度;确信维,表达个体胜任、承受感情的程度。

J. G. Taylor 采用评价(相当于快乐度)、唤醒和行为(相当于趋避度)这三个维度值对陌生面孔进行表情识别。

虽然心理学界对情绪维度观点各不相同,但大体上我们可将情绪的维度归纳为正负两极(正性情绪—负性情绪)和强弱两端(强烈的情绪—弱的情绪)。

(3) 合成方法。这种方法融合了维度和基本情绪理论,典型的代表是 R. Plutchik 所提出的情绪锥球。他认为,任何情绪的相近程度都有不同,任何情绪都有与其在性质上相对立的另一种情绪,任何情绪都有不同的强度。他采用强度、相似性和两极性3个维量,在倒立的锥体切面上分隔为块,切面上的每一块代表一种原始情绪。共有 8 种原始情绪,每种原始情绪都随自下而上强度的增大而有不同的形式;截面上处于相邻位置的情绪是相似的,处于对角位置的情绪是对立的;截面中心区域表示冲突,是由混合的动机卷入而形成的。普拉切克认为,所有情绪都表现出强度的不同,如从忧郁到悲痛;任何情绪在与其他情绪相似的程度上都有不同,如憎恨与愤怒比厌恶与惊奇更为相似;任何情绪都有相对立的两极,如憎恨与接受、愉快与悲伤。

1.1.3 关于情绪的理论

情感体验同时伴有生理和心理两种过程,情绪的理论企图对情绪的生理、心理过程以及它们的关系做出系统的解释。不同的心理学派对情绪的产生与理解从不同的角度和研究方向,提出了许多不同的观点,进而形成了各种情绪的理论。各种情绪的理论如图 1-1 所示。下面重点介绍一下比较流行的情绪认知理论。

1. 阿诺德和拉扎勒斯的认知和评价理论

阿诺德(M. B. Arnold)在 20 世纪 50 年代提出了著名的认知评价理论。该理论主要有两个方面的内容。

(1) 情绪刺激必须通过认知评价才能引起一定的情绪。阿诺德认为,同样的刺激情景由于对它的估量和评价不同,个体会产生不同的情绪反应。对以往经验的记忆存储和通过表象达到的唤起,在认知评价中起关键作用。老虎是让人恐惧的,但关在动物园的老虎与山林中的老虎不一样,它不会引起人的恐惧。因为经验告诉人们,被铁笼牢牢围住的老虎无法对人构成威胁,这种认知评价决

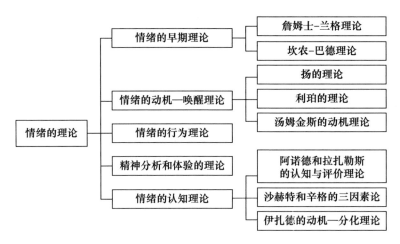

图 1-1 关于情绪的各种理论

定了个体对笼中老虎没有恐惧情绪,更多的是好奇与欣赏。

（2）强调大脑皮层兴奋对情绪产生的重要作用。阿诺德认为,当外界刺激情景作用于感觉器官时产生的神经冲动经内传导神经传至大脑,再到大脑皮层,由大脑皮层产生对情绪化给予情景的评估,形成一种相应的情绪。

拉扎勒斯(R. S. Lazarus)发展了阿诺德认知评价学说,将"评价"扩展为评价、再评价的过程。他认为,这个过程由筛选信息、评价、应付冲动、身体反应的反馈以及对活动后果的知觉等环节组成。情绪的产生是生理、行为和认知三种成分的综合反应。对认知起决定作用的是个体心理结构,即信仰、态度和个性特征等。社会文化因素影响着个体对刺激情景的知觉和评价。

2. 沙赫特和辛格的三因素论

美国心理学家沙赫特和辛格在 20 世纪 60 年代由一系列情绪试验的结果推出与前人迥然不同的情绪认知理论——三因素论。这个理论的观点是:认知的参与以及认知对环境和生理唤醒的评价过程都是情绪产生的机制。

沙赫特和辛格通过精心设计的情绪试验说明,情绪状态实际上是认知过程、生理状态和环境因素共同作用的结果。大脑皮层将外界信息、内部生理变化信息以及经验、情景的认知信息整合起来,产生一定的情绪。图 1-2 是这一理论的模型,从中可以看出,认知比较器是情绪产生的核心。

3. 伊扎德的动机—分化理论

伊扎德(C. E. Izard)以整个人格结构为基础研究情绪的性质和功能。他的情绪认知理论受汤姆金斯影响很大,重视情绪的动机作用。伊扎德认为,情绪是在生命进程中分化发展起来的,包括情绪体验、脑和神经系统的相应活动以及面

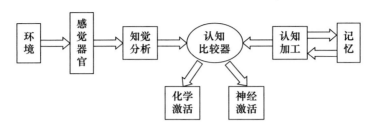

图1-2 情绪唤醒的模型示意图

部表情三个方面。他提出了一个"情绪—认知—运动反应"模型,认为在激活情绪的过程中人与环境是相互作用的,其间个体内部认知过程起着重要作用,认知、运动和情绪的相互作用经过认知整合导致了一定的情绪、体验和反应。

在重视认知因素对情绪作用的同时,伊扎德将情绪的适应价值置于十分重要的地位,认为情绪是基本的动机。情绪使有机体对环境事件更敏感,能激起机体的活力。情绪对认知的发展和认知活动起监督作用,它激发人去认识、去行动。例如,兴趣激发人去学习、研究和创造。

伊扎德认为,情绪不是其他心理活动的伴随现象,而具有独特作用,他强调情绪对人格整合的动机功能。他认为,人格是由知觉、认知、运动、内驱力、情绪和体内平衡六个子系统构成的复杂组织,情绪是这个复杂组织的核心。这个复杂组织的整合是靠情绪的动机作用来完成的。

情绪的认知理论既继承了情绪有生物成分和进化价值的观点,又重视社会文化环境、个体经验和人格结构等对情绪的制约作用。他强调,情绪受主体认知功能的调节,是一种较全面的理论。这一理论有着广泛的发展前景,同时也是人工心理学理论关于情感模型重要的理论基础。

1.2 人工智能

1.2.1 人工智能的基本概念

作为一门研究模拟人类智能活动的综合性边缘科学,人工智能从产生到现在,已经取得了很大的发展并获得了丰硕的成果,它与原子能技术和空间技术一起被称为20世纪的三大科学成就。关于人工智能的概念,有许多说法,斯坦福大学人工智能研究中心的尼尔逊(N. J. Nilsson)教授从处理的对象出发,认为"人工智能是关于知识的科学,即怎样表示知识、怎样获取知识和怎样使用知识的科学"。麻省理工学院温斯顿(P. H. Winston)教授则认为,"人工智能就是研究如何使计算机去做过去只有人才能做的富有智能的工作"。斯坦福大学费根鲍姆教授从知识工程的角度出发,认为"人工智能是一个知识处理系统"。

随着人工智能的发展内容的不断丰富,人工智能的概念也不断充实和完善。北京科技大学涂序彦教授提出了"广义人工智能"的概念。涂序彦教授认为,"广义人工智能"概念的内涵包括3个方面。①多种人工智能,模拟延伸与扩展包括人在内的多种动物的智能。②多层人工智能,人的智能以及其他高等动物的智能分三个层次:思维是高层智能,如推理计算、分析、综合、预测、决策、学习、联想、顿悟等;感知觉是中层智能,如视觉、听觉、嗅觉、味觉、运动觉、平衡觉等;行为是低层智能,如说话、行走、进食、运动、劳作、开汽车、骑自行车等。③"多体"人工智能,人或动物具有"个体智能",人的群体或动物的群体具有"群体智能",按系统论的观点,"群体智能"是由个体组成的群体系统的智能,并不是"个体智能"的"简单综合"或"线性叠加",而是"个体智能"的有机结合或非线性变换。基于上述观点,序彦教授论述了广义人工智能学科体系,包括学科内容、学科分支、理论基础及科学方法。

1.2.2 人工智能研究的基本问题与主要研究领域

随着人工智能的发展及"广义人工智能"概念的提出,人工智能的内容日益丰富并形成了由许多学科分支组成的庞大的学科体系。在这里只能概略地说明一下人工智能研究的基本问题与主要研究领域。

1. **模式识别**

模式识别是人工智能最早研究的领域之一。它是利用计算机对物体、图像、语音、字符等信息模式进行自动识别的科学。

模式识别过程一般包括对待识别事物进行采样、信息的数字化、数据特征的提取、特征空间的压缩以及提供识别的准则等。此过程如图1-3所示,下部是学习训练过程,上部是识别过程。

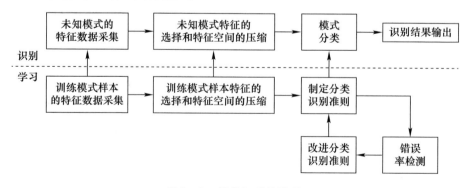

图1-3 模式识别的过程

在学习的过程中,首先将已知的模式样本数值化,送入计算机,然后对这些数据进行分析,去掉对分类无效的或可能引起混淆的特征数据,尽量保留对分类判别有效的数值特征,这个过程亦称为特征选择。有时,还得采用某种变换技术,得出数量上比原来少的综合性特征(称为特征空间压缩,亦称为特征选择),然后再按设想的分类判别的数学模型进行分类,并将分类结果与已知类别模式的输入结果进行对比,不断修改,制定出错误率最小的判别准则。

模式识别可按多种方式分类。按识别对象可分图像识别和语音识别;按识别的基本方法可分为统计决策法、句法分析法、人工神经网络识别法、模糊模式识别法;按学习训练的方法可分为监督学习识别法和非监督学习识别法等。

2. 自然语言理解

自然语言理解就是如何让计算机能正确处理人类语言,并据此作出人们期待的各种正确响应。自然语言理解是人工智能研究重要的领域之一,同时也是目前前沿的难题之一。

语言属于一种社会现象,而计算机是自然科学的产物。所以自然语言理解是个极其复杂的研究课题,是一门自然科学和社会科学交叉的学科,特别是计算机学、语言学、逻辑学、生理学、心理学、信息论和情报学等相关学科发展结合而成的一门交叉学科。它的研究内容主要有以下几个方面。

(1) 既理解句子的正确词序规则和概念,又理解不含规则的句子。

(2) 知道词的确切含义、形式、词类和构词法。

(3) 了解词的语义分类以及词的多义性和歧义等。

(4) 指定、非指定特性和所属(隶属)特性。

(5) 问题领域的结构知识和时间概念。

(6) 语言的语气信息和韵律表现。

(7) 有关语言表达形式的文学知识。

(8) 有关语言的背景知识。

目前,自然语言理解的研究涌现出一大批新的理论和方法。这些新的理论和方法可以归纳为以下3个体系。

(1) 基于语法分析。1957年,N. Chomsby(乔姆斯基)提出了转换生成语法理论;1972年,Woods按照这个理论设计了扩充转移网络(Augmented Transition Network,ATN),并完成了LUNAR模型。

(2) 基于语法加语义的分析法。以Fillmore在1968年提出的格语法为代表,格语法一般分为语法格和语义格两个系统。最早的语法格只有6个,目前英语中使用的有20个左右,日语中用到70多个,汉语可分出20个左右。格语法将自然语言理解中的语法和语义分析结合起来,以动词驱动,只要找到主动词,从原则上讲,不管主、谓、宾的次序如何颠倒,都可用语义框架将其意思表示出来。

(3) 基于语义的分析法。基于语义的分析法包括 Quillian 的语义网络理论和 Schark 的概念从属(CD)理论。Quillian 建议用语义网络来描述人对事物的认识,实际上是对人脑功能的模拟,并希望这种语义网络能用于知识推导。

进入 20 世纪 90 年代以来,自然语言理解学术界提出的理论中出现了"唯理主义"和"经验主义"两种倾向。所谓唯理主义,是指以生成语言学理论为基础的方法,包括各种以规则推理为主要手段的分析方法;所谓经验主义,是指以大规模语料库的分析为基础的方法。

3. 人工神经网络

国际著名的神经网络专家、第一个计算机公司的创始人和神经网络实现技术的研究先驱 Hecht – Nielson 给神经网络(ANN)的定义是:"神经网络是一个以有向图为拓扑结构的动态系统,它通过对连续或断续式的输入作状态响应而进行信息处理。"神经网络系统是由大量的、同时也是很简单的处理单元(或称神经元),通过广泛地互相连接而形成的复杂网络系统。虽然每个神经元的结构和功能十分简单,但由大量神经元构成的网络系统的行为却是十分复杂的。用人工神经网络模拟人脑,实现智能神经网络信息处理的基本特性如下。

(1) 分布存储与容错性。信息在神经网络内的存储是按内容分布于大量的神经元之中,而且每个神经元实际上存储着多种不同信息的部分内容。一定比例的神经元(结点)不参与运算,对整个系统的性能不会产生重大影响。

(2) 并行处理性。固有的并行结构和并行处理,在神经网络中,大量的神经元可同时进行同样的处理,因而是大规模的并行处理。

(3) 信息处理与存储的合二为一,每个神经元兼有信息处理和存储功能。

(4) 可塑性与自组织性、自适应性、学习性、推理能力和可训练性。

(5) 层次性与系统性。

ANN 的工作过程包括以下几方面。

(1) 工作期。此时,各连接权值固定,计算单元的状态变化,以求达到稳定的状态。

(2) 学习期。各计算单元的状态不变,各连接权值可修改。根据学习过程有无教师指导可分为监督学习和非监督学习。相应的学习规则有相关规则、纠错规则和无监督学习规则。

作为一门交叉性学科,人工神经网络数十年来一直受到研究者的关注。最近二十年来,很多不同的神经网络被提出来,其中比较重要 ANN 模型包括前馈型 BP 网络、反馈型 Hopfield 网络、Kohonen 自组织网络、径向基函数(RBF)网络、细胞神经网络(CNN)、协同神经网络等。

神经网络在许多领域具有广阔的应用前景。主要应用领域包括语音识别、图像识别与理解、计算机视觉、智能机器人、故障机器人、故障检测、实施语言翻译、企业管理、市场分析、决策优化、物资调运自适应控制、专家系统、智能接口、神经生理学、心理学和认知科学研究等。随着神经网络理论研究的深入以及网络计算能力的不断拓展,神经网络的应用领域将会不断拓展,应用水平将会不断提高,最终达到神经网络系统帮人做事的目的,这也是神经网络研究的最终目标。

4. 机器学习

学习是体现人类智能的一个主要标志,机器学习是人工智能的一个重要研究领域,是研究学习的计算理论,建立学习的计算机模型,使计算机具有学习能力的学科。目前,由于学习的机理尚未清楚,因而,对学习有不同的定义,主要观点有以下几种。

(1) "学习是使系统做一些适应性的变化,使得系统下一次完成同样或类似的任务时比上一次更有效"(H. A. Simon)。

(2) 学习是获取明显知识的过程。

(3) 学习是技巧的获取。

(4) 学习就是理论、假说的形成过程。

上述观点分别是从不同角度理解"学习"这一概念的。若把它们综合起来就可得到:学习是一个有特定目的的知识获取过程,其内在行为是获取知识、积累经验、发现规律;外在表现是改进性能、适应环境、实现系统的自我完善。

机器学习系统的一般结构如图1-4所示。它由环境、监督、学习、知识库、执行等环节构成。

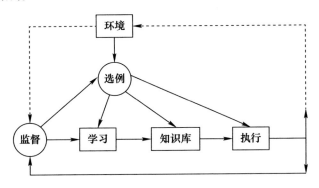

图1-4 机器学习系统的结构

机器学习系统的一般过程是:首先由环境通过选例环节给学习环节提供信息;学习环节利用这些信息对显式表示的知识库进行知识的扩充和改进;执行环节利用知识库的知识,采取相应的行动去完成工作任务,行动结果直接引起环境的变化;环境通过监督环节给出评价信息并反馈给学习环节,学习环节根据这种反馈信息决定知识库是否需要进一步改进,或检验上一次获取的知识是否达到了"改善性能"的效果。

根据机器学习所采用的策略、知识表示方法及其应用领域,可把机器学习方法划分为8类:①机械学习;②通过采纳建议学习;③通过例子学习;④通过类比学习;⑤基于解释的学习;⑥通过观察学习;⑦连接学习(神经网络);⑧遗传算法。

5. 专家系统

专家系统(Expert System,ES)是一种在相关领域中具有专家级水平解题能力的智能化计算机程序系统,它能运用领域专家多年积累的经验和专门知识,模拟人类专家的思维过程,求解专家才能解决的困难问题。专家系统在知识利用、保存和传播,以及教育、科研、设计、生产、社会经济活动等各方面日益显示出巨大的作用和经济效益。按其用途的不同有多种类型,如解释型、诊断型、预测型、咨询型、设计型、规划型、监控型等。

专家系统的基本结构如图1-5所示,它包括6个部分:人机接口、知识库及其管理系统、推理机、数据库及其管理系统、知识获取机构和解释器。

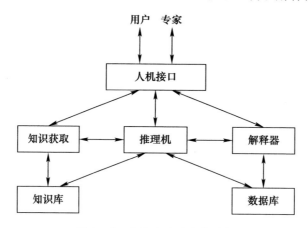

图1-5 专家系统的基本结构

(1)知识库。知识库是领域知识的存储器。它存储专家经验、专门知识与常识性知识,是专家系统的核心部分。知识库可以由事实性知识和推理性知识组成。知识是决定一个专家系统性能的主要因素。一个知识库必须具备良好的可用性、确实性和完善性。要建立一个知识库,首先要从领域专家那里获取知识,即知识获取。然后将获得的知识编排成数据结构并存入计算机,这就形成了知识库,可供系统推理判断之用。

(2)数据库。数据库用于存储领域内的初始数据和推理过程中得到的各种信息,数据库中存放的内容是该系统当前要处理的对象的一些事实。

(3) 推理机。推理机是用来控制、协调整个系统的。它根据当前输入的数据(数据库中的信息),利用知识库中的知识,按一定的推理策略去解决当前的问题,并把结果送到用户接口。在专家系统中,推理方式有正向推理、反向推理、混合推理。在上述3种推理方式中,又有精确与不精确推理之分。因为专家系统是模拟人类专家进行工作,所以推理机的推理过程应与专家的推理过程尽可能一致。

(4) 人机接口。人机接口是专家系统与用户通信的部分。它既可接受来自用户的信息,将其翻译成系统可接受的内部形式,又能把推理机从知识库中得出的有用知识送给用户。

(5) 解释部分。解释部分能对推理给出必要的解释。这给用户了解推理过程,向系统学习和维护系统提供了方便。

(6) 知识获取部分。知识获取部分为修改、扩充知识库中的知识提供手段。这里指的是机器自动实现的知识获取。它对于一个专家系统的不断完善、提高起着重要的作用。通常,它应能删除知识库中不需要的知识及把需要的新知识加入知识库,最好还能根据实践结果发现知识库中不合适的知识,并总结出新的知识。知识获取部分实际上是一种学习功能。

专家系统的工作特点是运用知识进行推理。因此,知识获取(包括人工方式的知识获取和机器学习)、知识表示和知识运用是建造专家系统的3个核心部分,或者说,知识工程是专家系统重要的理论基础。

6. 知识工程

知识工程是人工智能的一个重要分支,关于它的概念,至今也没有严格的定义,但人们普遍认为知识工程是以知识为处理对象,借用工程化的思想,研究如何用人工智能的原理、方法、技术去设计、构造和维护知识型系统的一门学科,是人工智能的一个应用分支。知识工程的目的是在研究知识的基础上,开发实用的智能系统,主要有专家系统、决策支持系统、机器人规划系统等。知识的获取、知识的表示、知识的运用构成知识工程的三大要素,知识工程的核心则是专家系统。

知识表示是指利用计算机能够接受并进行处理的符号和方式,表示人类改造客观世界中所获得的知识。它是人工智能的基本问题之一,也是建立知识库、构建专家系统的基础。

目前,知识表示的方法有几十种之多,下面列出最主要的几种表示方法:①产生式表示法;②语义网络表示法;③框架表示法;④谓词表示法;⑤面向对象表示法;⑥基于范例表示法;⑦基于 Rough Set 表示法;⑧基于语言场表示法。

我们需根据知识的类型选择知识表示的方法。知识的类型可分为5种:

①说明性知识(对象知识)——关于客观事物及其联系的知识;②过程性知识——关于事态发展或从事活动的知识;③技巧或诀窍——这是一种通过经验体会而获得的知识;④常识——泛指普遍存在而被普遍认识了的客观事实这一类知识;⑤元知识——是关于知识的知识。

知识表示模式的评价准则:①充分表达领域知识;②有利于运用知识进行推理;③便于知识的维护和管理;④便于理解和实现。

知识的使用过程也就是推理过程,所谓推理就是根据已知的知识推出新的知识。根据知识所表示的客观世界信息的性质,可从不同角度把推理形式分为确定和不确定推理、单调和非单调推理、演绎和归纳推理、定量和定性推理等;从推理的方向上可分为正向推理、反向推理和混合推理。由于表达客观世界的知识通常是不确定的、非单调的和定性的,因而,近年来对应此类知识的推理形式愈加受到人们的重视。图1-6中表示了不确定性推理、非单调推理以及定性推理所采用的基本方法或推理机制。

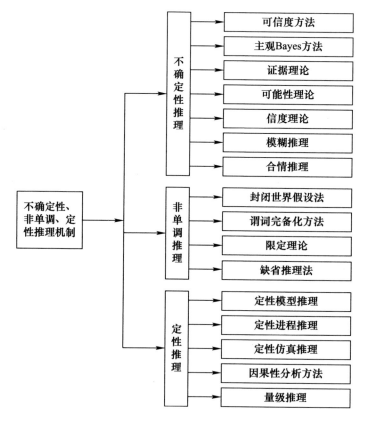

图1-6 不确定性、非单调、定性推理

知识获取(Knowledge Acquirement)是知识工程研究的另一个主要课题,它的基本任务是为专家系统获取知识,建立起健全、完善、有效的知识库。知识获取主要有下面 3 种方式。

(1) 人工移植。在这种方式下,首先由知识工程师从领域专家或有关的技术文献那里获取知识,然后再由知识工程利用知识编辑器软件输入知识库中,其过程如图 1-7 所示。

图 1-7　人工移植获取知识的过程

(2) 机器学习(自动知识获取)。机器通过学习获取知识,进行知识积累,对知识库进行更新,其过程如图 1-8 所示。

图 1-8　机器学习获取知识的过程

(3) 机器感知(自动知识获取)。通过机器的视觉、听觉等途径,直接感知外部世界,输入自然信息,获取感性和理性知识。为达到这一目的,机器应具备识别语音、文字、图像的能力和理解、分析、归纳的能力。其获取知识的过程如图 1-9 所示。

图 1-9　机器感知获取知识的过程

近年来,随着数据库技术和机器学习技术的发展,为了应付全球范围内数据库中存储的数据量的急剧增长,以便从海量数据中提取或挖掘出隐含的有用的信息——知识,作为知识工程的又一主要研究内容——基于数据库的知识发现技术(Knowledge Discovery in Database,KDD)逐渐发展起来。

7. 机器视觉

机器视觉主要研究用计算机来模拟人的视觉功能,从客观事物的图像中提取信息,进行处理并加以理解,最终用于实际检测、测量和控制。

视觉技术是近几十年来发展的一门新兴技术。机器视觉可以代替人类的视觉从事检验、目标跟踪、机器人导向等方面的工作,特别是在那些需要重复、迅速地从图像中获取精确信息的场合。视觉技术的理论涉及图像处理、模式识别、人工智能等方面,而视觉技术可以应用于生产过程、生活、科学研究等诸多方面。

特别在自动生产线上代替工人从事快速、单调的产品检验工作,可以达到快速、准确的效果。

视觉是一个古老的研究课题,到了20世纪70年代末至80年代初,美国麻省理工学院的马尔(Dr. Mars)教授创立了视觉计算理论,使视觉的研究前进了一大步。视觉可以看作是从三维环境的图像中抽取、描述和解释信息的过程,它可以划分为6个主要部分:①感觉;②预处理;③分割;④描述;⑤识别;⑥解释。再根据实现上述各种过程所涉及的方法和技术的复杂性将它们归类,可分为3个处理层次:低层视觉处理、中层视觉处理和高层视觉处理。

① 感觉。感觉是指获得图像的过程即数字图像的采集。常见的图像采集装置有摄像机、线型CCD像感器(Line Scan Image Sensor)、面型CCD像感器(Area Scan Image Sensor)、扫描仪及目前推出的数字相机等。根据用途不同,可采用不同的传感器,它们一般是通过采集板连接到计算机的总线上。

② 预处理。普通图像预处理的方法很多,需要考虑计算机的运算速度和低成本的要求。主要有两种预处理方法:一种是基于空域技术的方法;另一种是基于频域技术的方法。它主要解决图像的增强、平滑、尖锐化、滤波以及伪彩色处理问题。

③ 分割。分割是将图像划分成若干有一定含义的物体的过程。它是视觉技术中重要的一步,常用的分割技术有灰度阈值法、边缘检测、匹配和拟合、区域跟踪和增长、迭代松弛法以及运动分割等。

④ 描述。描述是为了进行识别而从物体中抽取特征的过程。在理想情况下,描述符应该含有足够多的可用于鉴别的信息,以便在众多的物体中唯一识别某物体。描述符的质量会影响识别算法的复杂性,也会影响识别的性能,描述可分为对图像中各个部分的描述以及各部分间关系的描述。

⑤ 识别。识别是一种标记过程。识别算法的功能在于识别景物中每个已分割的物体,并赋予该物体以某种标记。识别方法可分两大类:决策理论方法和结构方法。决策理论方法以定量描述为基础,即统计模式识别方法;结构方法依赖符号描述及它们的关系,即句法模式识别方法。

⑥ 解释。解释可以看作是机器人对其环境具有的更高级的认知行为。例如,对于装配线上的机器人,可通过安装于传送带的视觉系统自动识别出所需零件,测量出空间坐标,命令机器手进行装配。

从理论上来说,机器视觉与人类的视觉相比还非常幼稚,但随着计算机技术及大规模集成电路的迅速发展,目前已在医疗诊断、工业自动检测与控制、智能机器人和科研等领域得到广泛应用,取得巨大的经济与社会效益,特别是在制造业中产品外观质量的检验、尺寸测量等方面发展得比较成熟。

1.3 人工生命

1987年,在美国召开的第一次人工生命研讨会上,Santa Fe 研究所的 C. Langton 教授提出了"人工生命"的概念,即"人工生命是具有自然生命现象的人造系统",并在计算机屏幕上演示了他研制的具有生命特征的软件系统,将这类具有生命现象和特征的人造系统,称为"人工生命"。当然,随着对人工生命研究的不断深入,不同的学科、不同的学者对它的定义可能有不同的看法。也有学者认为,人工生命就是其行为具有通常人们所认为的基本的生命特征的某种系统。基本的生命特征一般包括自繁殖、自进化、自学习、自适应、自组织等。

北京科技大学涂序彦教授认为,应该从更广泛的意义看待人工生命。在中国人工智能学会第一届"人工生命及应用"专题学术会议上,涂序彦教授提出了广义人工生命的概念模型和主要类型。

广义人工生命(Generalized Artificial Life, GAL)的概念模型如下:

$$GAL = \{NLP, NLB; EAL, BAL; VAL, RAL\}$$

式中:GAL——广义人工生命(Generalized Artificial Life);

NLP——类自然生命性能(Natural Life-like property);

NLB——类自然生命行为(Natural Life-like Behavior);

EAL——工程人工生命(Engineering Artificial Life);

BAL——生物人工生命(Biological Artificial Life);

VAL——虚拟人工生命(Virtual Artificial Life);

RAL——实体人工生命(Realistic Artificial Life)。

广义人工生命概念模型内涵为:广义人工生命是"具有类似自然生命内在性能和外部行为的人造系统"。

广义人工生命的主要类型如图1-10所示。

在图中,广义人工生命按不同方式分类。

(1) 按人工生命的模拟对象分类:

人工人;人工动物;人工植物。

(2) 按人工生命的人造方法分类:

工程人工生命;生物人工生命;生物工程人工生命。

(3) 按人工生命的规模级别分类:

细胞级人工生命;器官级人工生命;个体级人工生命;群体级人工生命。

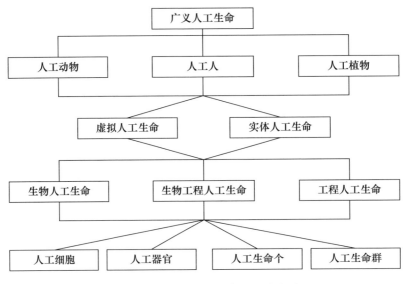

图 1-10　广义人工生命的主要类型

(4) 按人工生命的存在方式分类：

虚拟人工生命；实体人工生命。

上述各种类型的人工生命都是广义人工生命学科的研究对象。

在上述概念模型分类的基础上，涂序彦教授进一步阐述了广义人工生命的研究方法、实现技术、应用价值以及科学意义等问题。

1.4　感性信息科学

目前，在日本流行感性信息科学(感性科学)。感性科学作为与人工智能相对应的学科，是从"感性"的角度来研究人关于信息处理的方法、过程以及用计算机实现的方法。日本文部省有一个制度称为重点领域研究，也就是关于某一个领域进行重点研究。感性信息处理即为一个领域之一，它是一个将信息科学与心理学等各方面的研究人员结合成一体、互相制约、跨学科的研究项目。

1.4.1　感性与感性信息

在日本《广辞苑》词典上，对"感性"是如下解释的。

(1) 对于外界刺激而产生感觉、知觉的感觉器官的感受性。

(2) 由感觉引起并由其支配的体验，因而也包括伴随感觉而来的感情、冲动和欲望。

(3) 应该受到理性控制的感觉上的欲望。

关于"感性"的概念,目前在日本学术界还没有统一和明确的定义,不同的学者从不同角度给出了各种定义和描述。在一次以参加该领域研究的学者为对象的问卷调查中,就"感性是什么"的问题,得到了许多不同的定义。下面主要介绍日本学者松山和隆司的观点。

他们从"感性"和"知性"的相互关系上来考察"感性",认为人类精神上所具有的多种多样的机能,概括地说可以分为"知""情""意"3个方面。可以说,人工智能是从信息科学的角度以阐明"知"为目标的。与感性关系最密切的是"情",然而,感性并不等于"情"。感性是人所具有的感觉、知觉的机能和特性,而"情"是由此自然产生的东西。

从上面的想法出发,他们认为,人的感觉、知觉机构具有两面性和二重构造性。也就是说,在以前的模式识别、理解中,是从"知"的观点去解析感觉、知觉机构并使其信息模型化,开发构建工程上的信息处理系统(如人脸识别系统、语音识别系统等),而感觉、知觉机构所具有的另外一个重要的机能和特性——"感性",则是从"情"的观点来看待感觉、知觉机构的。

感觉、知觉机构具有两面性、二重构造性的模式可用图1-11表示。图中从"知"到"知性的识别",从"情"到"感性的识别"的箭头,表示各识别机构受到来自"知"和"情"的影响而产生的机能。

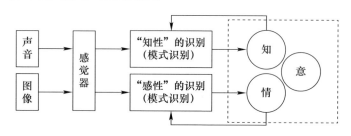

图1-11 "知性"的识别和"感性"的识别

1.4.2 感性科学的研究途径

感性科学的研究途径可分成4个主要的方面。

(1) 基于脑科学的途径。人脑能产生"感性和感情"并能处理感性信息,从脑神经科学的角度研究人脑的这种脑机能是感性科学的研究途径之一。

(2) 基于心理学的途径。主要从分析人的感觉知觉特性这样的立场出发,通过基于知觉心理学实验的统计分析来解析、明确人所具有的"感性"。

(3) 基于信息科学、工程学的途径。像图像、电影、语音、音乐等这些物理媒体，不但包含"知性"的信息，也包含丰富的"感性"信息，根据这些物理媒体的特征，从信息科学的角度研究感性信息的提取、表示、表现与合成的方法、模型及算法。

(4) 基于语言学的途径。在自然语言中，感性信息是用形容词来表现的，而在传统的自然语言处理中，关于名词、动词的语义结构进行了较详细的研究，而对形容词所表示的微妙的细微差别以及说话者的心情与感情，该如何进行语义构造，如何模型化，则没有涉及。最近，日本已有许多学者开始这方面的研究。

作为信息科学的发展，松山和隆司给出了感性信息科学的定义：它是基于信息科学、心理学、语言学、脑科学甚至艺术等，多种学科互相渗透、互相结合，以研究感性信息为基本内容的跨学科的科学。

1.4.3 感性科学的研究内容

感性科学的研究在日本还处于初期阶段，在我国更是一个空白。它还没有形成完整的科学体系，有些基本概念还没有完全明确。可以说，还没在真正意义上成为一门科学，还需要各方面的学者进行艰苦的研究和长期的探索。关于它的研究内容，大致可分为3个方面：感性与感性信息的模型化；感性信息的表示方法；感性信息处理算法。下面我们简要说明一下。

1. 感性与感性信息的模型化

可分成下述4个问题。

(1) 人所具有的感性是什么。主要从6个方面研究"感性"的概念：①感性和知性的关系；②从以心象为中介的知觉和技能的相互作用角度来研究感性；③在认知系统中的感性创造；④感性的水平级别；⑤从脑科学、心理学方面看到的感性的机能与意义；⑥在交流、通讯中感性的作用。

(2) 人在知觉、认知方面的感性特征分析。以上述感性的概念为基础，研究人类对于刺激产生怎样的感性反应，这是一个重要的课题。所谓的感性特征，是指使人类产生感性反应的物理特征。感性特征分析就是以感受器驱动的感性为对象，研究从物理媒体中确定、抽取感性特征的方法。主要有4个方面。①感性特征的计测、分析方法。主要有基于知觉心理学的官能评价、官能检查的方法和基于生理学的测量脑内温度、脑内血流量、脑内代谢的变化等方法。②对个别媒体的感觉特征的分析。主要研究感觉器官的特性的测量以及媒体与心象的关系。③对多种媒体的共同的感觉特性的分析，即感性信息的融合。④身体的运动、动作与感性特性的相互作用的分析。

(3) 感性信息处理模型。

(4) 感性与感性信息的关系。

2. 感性信息的表示方法

(1) 基于认知结果的表示方法。主要有基于心理指标的感性语义表示法和 SD 分析法以及基于生理指标测定的表示方法。

(2) 基于意义因素的表示方法。将表示感性信息的形容词的意义分成几个基本要素,由这些要素组合起来表示形容词的意义性。

(3) 图像、音响媒体的构造表示方法。主要有抽取感性特征表示法和代数制约表示法。

3. 感性信息处理算法

(1) 多变量分析法。

(2) 人工神经网络。

(3) 代数制约算法。

(4) 基于概率的算法。

(5) 模糊算法。

1.5 情感计算

人工智能创始人之一,美国麻省理工学院 Minsky 教授在他 1985 年出版的专著 *The Society of Mind*(《脑社会》)中指出,"问题不在于智能机器能否有任何情感,而在于机器实现智能时怎么能够没有情感。"上述说法说明给机器赋予情感的重要性。

关于"情感计算"的概念,美国麻省理工学院媒体实验室 Picard 教授在 1997 年出版的 *Affective Computing*(《情感计算》)专著中给出如下定义:"情感计算是关于、产生于或故意影响情感方面的计算。"迄今为止,学术界对"情感"以及"情感计算"的定义并未达成统一的认识。我们认为,情感计算的目的是通过赋予计算机识别、理解、表达和适应人的情感的能力来建立和谐的人机环境,并使计算机具有更高的、全面的智能(本文提及的计算机应按广义意义理解,即指计算机系统)。

在论述开展情感计算研究的科学意义之前,有必要先了解计算机需求情感计算的实际意义。较为尖锐的问题是"情感计算对于计算机应用来说是不是一种可有可无的时髦?"以下是一些国际学者的研究结果和作者对于这些问题的理解与思考。

(1) 情感在人们智能活动中扮演着重要的、不可或缺的角色。

一般认为,人在决策处事时,掺杂太多的感情因素多产生负面结果。为此,我们常说不要"感情用事"。但是,医学及心理学界研究成果表明:人们若丧失了一定的感情成分(即理解和表达情感的能力),决策处事同样难以完成。Damasio 在他的研究中发现,由于大脑皮层(Cortex,控制逻辑推理)和边缘系统(Limbic System,控制情感)之间通道的缺损,他的"病人"尽管具有正常甚至超常的理性思维和逻辑推理的能力,但他们的决策能力却遇到严重障碍。Damasio 的发现表明,情感能力对正常的人类行为是至关重要的,它与理性思维和逻辑推理能力不是绝对矛盾的,而是可以相辅相成的。人类的智能不仅表现为正常的理性思维和逻辑推理能力,也应表现为正常的情感能力。情感能力在人们的感知、计划、推理、学习、记忆、决策、创造性等方面扮演着至关重要的角色。

(2)情感计算对计算机科学发展的意义是深远的。

如果说目前的传统计算机(包括应用现有智能计算方法的计算机)只包含了反映理性思维(Thinking)的"脑"(Brain),那么,情感计算将为该机器增添了具有感性思维(Feeling)的"心"(Heart)(这是应用文学方式对机器进行拟人化比喻。按认知科学讲,感性思维仍源于脑活动)。可以认为,情感计算是在人工智能理论基础上的一个质的进步。因为从广度上讲它扩展并包容了情感智能,从深度上讲情感智能在人类智能思维与反应中体现了一种更高层次的智能。情感计算必将为计算机的未来应用展现一种全新的方向。同时,由此引发出的理论与应用问题会是层出不穷的。

(3)情感计算可以从两个方面理解:一是基于生理学的角度,通过各种测量手段检测人体的各种生理参数,如心跳、脉搏、脑电波等,并以此为根据来计算人体的情感状态;二是基于心理学的角度,通过各种传感器接受并处理环境信息,并以此为根据计算人造机器(如个人机器人)所处的情感状态。

尽管情感计算的概念提出来的时间很短,但已受到学术界的日益关注和企业界的迅速反应。英国电信公司(British Telecom)已成立了专门的情感计算研究小组。IBM 也已开发出所谓的情感鼠标(Emotion Mouse)。学术界的工作主要起源于麻省理工学院的媒体实验室,目前的工作侧重于有关情感信号的获取(如各类传感器的研制)与识别。与此同时,许多日本学者近几年来热衷的所谓感性信息处理(Kansei Information Processing)与情感计算似有异曲同工之妙。

总之,情感计算是未来人工智能发展与计算机应用中不可或缺的,随着计算机现有软、硬件技术和传感技术等的发展,以及人们对营造和谐自然人机环境的迫切要求,情感计算技术的广泛应用指日可待。

1.6 人工心理学

1.6.1 人工心理学理论的产生及研究内容

众所周知,经过几十年的研究,人工智能的研究已经达到了很高的水平。然而,它的研究目的只是在于模拟人的智能,如判断、推理、证明、识别、感知、理解、设计、思考、规划、学习和问题求解等思维活动。研究内容是怎样表示知识、获得知识并使用知识。这在拟人化的研究领域还只是很初步的阶段。因为人的心理活动包括感觉、知觉、记忆、思维、情感、意志、性格、创造等方面。人工智能仅仅研究了感觉、知觉、记忆、思维等心理活动,对于情感、意志、性格、创造等心理活动根本不涉及,这显然是不够的。因此,利用人工智能已有的基础(研究成果、研究方法),结合心理学、脑科学、神经科学、信息科学、计算机科学、自动化科学的新理论和新方法,对人的心理活动(尤其是情感、意志、性格、创造等)全面进行人工机器模拟,以期制造出既具有智能又具有情感、意志、性格的个人机器人,这不仅具有理论意义,还具有更为迫切的现实意义。

基于上述认识,北京科技大学王志良教授在他的论文《人工心理学——关于更接近人脑工作模式的科学》中首次提出了"人工心理学"的概念,初步研究了关于"人工心理学"的几个基本问题,现简要介绍如下。

(1) 定义。人工心理理论就是利用信息科学的手段,对人的心理活动(着重是人的情感、意志、性格、创造)再一次通过人工机器(计算机、模型算法等)实现。

(2) 目的。营造人与机器和谐、人与人和谐、人与自然和谐,大家幸福的社会环境。

(3) 法则。

① 积极向上地模拟人的心理。

② 道德感、美感和幸福感是人工心理学的根本法则。

③ 创造性和主观能动性地模拟人的心理。

④ 人工机器永远服从自然人。

(4) 研究目标。提出人工心理的概念,利用人工智能已有的基础(研究成果、研究方法),结合心理学、脑科学、神经科学、信息科学、计算机科学、自动化科学的新理论和新方法,对人的心理活动(尤其是情感、意志、性格、创造等)全面进行人工机器模拟。研究确立人工心理的理论结构体系(目的、法则、研究内容、应用范围、研究方法等),并使之得到应用。

研究内容及其要解决的关键问题如下。

① 研究建立人工心理的理论结构体系(目的、法则、研究内容、应用范围、研究方法等)。尤其是人工心理学说的定义、研究规则、研究内容的界定问题,主要使其研究符合人类道德规范,这个问题在人工智能领域是不存在的。

② 研究人工心理与人工智能的相互关系,如何使二者相辅相成、互相促进、共同发展。尤其是借鉴人工智能已有的研究成果,建立人工心理的理论体系。

③ 抑制不良情绪的机器算法,这是由其研究法则所决定的。

④ 人类心理信息的数学量化(心理模型建立、心理状态评价标准)

在这个方面,日本人已经做了不少工作,我国学者也做了一些工作,已出版著作《心理学中的模糊集分析》、《心理测量学》等。

⑤ 情感在决策中的作用模式的机器实现,这主要是模拟人脑的控制模式,建立感知觉+情感决定行为(人脑控制模式)的数学模型,如图1－12所示。它与人工智能的控制模式不同。

⑥ 情感培养的机器算法。

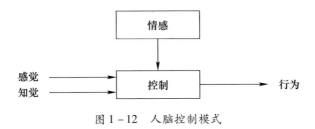

图1－12　人脑控制模式

人的心理活动是极其复杂的,普遍存在模糊性、混沌性。如何建立准确的心理模型是困难的,更重要的是使人工心理学的研究符合人类道德规范。总之,对人的心理活动(着重是人的情感、意志、性格、创造)再一次进行人工机器实现,无论是从理论上还是从实践上,都是一项极其复杂和极富挑战性的工作。它需要脑科学专家、心理学家、人工智能专家、计算机专家、社会学家、语言学家以及控制理论专家等多学科专家共同参与、一起研究,共建一种新的科学,为人类的文明进步作出贡献。

1.6.2　人工心理学的应用

人工心理学的应用前景是非常广泛的,如支持开发有情感、意识和智能的机器人;真正意义上的拟人机械研究;使控制理论更接近人脑的控制模式。我们知道,已有的拟人控制理论主要就是维纳的"反馈"控制论和人工智能,这与人脑的控制模式还有很大差别,因为人脑控制模式是"感知觉+情感决定行为",而现有的控制系统决策不考虑也无法考虑情感的因素。人工心理应用的另一大领域是人性化的商品设计和市场开发。不夸张地说,人工心理理论是人工智能的高级阶段,是自动化乃至信息科学的全新研究领域,它的研究将会极大地促进拟人控制理论、情感机器人、人性化的商品设计和市场开发等的进展,为最终营造一个人与人、人与机器和谐相处的社会环境作出贡献。随着人工心理理论及应用研究的不断深入,其应用领域也将不断地扩展与延伸。

1.6.3 人工心理学与人工情感

从上面的论述可看出,人工心理学研究的内容十分广泛,目前还不能给出一个完整的框架。随着研究的不断深入和发展,其研究内容将会日益明朗、更加丰富。从目前来看,对人工情感的研究将是其重要内容之一。所谓人工情感,就是研究关于情感及其相关信息(情感信息)的处理、计算、识别的算法模型以及工程实现的技术方法。

人工心理学关于人工情感的研究主要内容有3个方面:情感信息的处理与识别;情感自动生成;情感行为表现。

1. 情感信息的处理与识别

人的大脑不仅能处理认知信息,还可以处理基于人的感性能力基础之上的情感信息,并由此产生了不同快乐基调的情感状态。

情感信息在日本也称为感性信息,对它确切的含义,目前还没有一个统一的意见和定义。可把情感信息理解为存于外部刺激事件或个体内部能触发情感状态变化或能反映情感状态的所有信息,按照其性质的不同,可分为4种类型。

(1) 感觉驱动型情感信息。这类情感信息完全依靠人的感觉系统和神经系统获取和传递,不需认知因素的参与,也不需要有意识的注意和意志努力。可以通过声、光、压力等传感器输入上述感觉驱动型情感信息,人为地赋予机器以感觉驱动型情感,从而可使机器更好地模拟人类的情感。

(2) 认知评价型情感信息。这类情感信息通过感觉系统和神经系统传递到大脑后,还需要知觉的参与,给出认知评价,从而才能明确其情感意义,引发相应的情感状态。

(3) 交互型情感信息。情绪和情感是无法直接观察的内在状态,但可以通过外显行为(表情、动作)表现出来,交互的双方也可根据表情、动作推测对方的情感状态。我们把面部表情、言语表情及身段表情称为交互型情感信息。

可以通过各种物理传感器以及多媒体技术输入这类交互型情感信息,根据某种计算模型对表情模式进行分析计算,从而推测情感主体的情感状态。目前研究的主要有人脸表情识别和话语情感识别。

所谓人脸表情识别(Facial Expression Recognition,FER),就是对人脸的表情信息进行特征提取分析,按照人的认识和思维方式加以归类与理解,利用人类所具有的情感信息方面的先验知识使计算机进行联想、思考及推理,进而从人脸信息中去分析理解人的情绪,如快乐、惊奇、愤怒、恐惧、厌恶、悲伤等。表情识别的应用领域包括智能人机接口(Human – Computer Interaction)、人工智能(Artificial Intelligence)、情感机器人等。例如,将表情识别技术应用于远程教育系统,就可以通过实时监控学生的表情来调节和控制课程的进度,使教师更好地把握课程进度;应用于车载系统,可以自动检测和监视司机的精神状态,提醒那些处于疲劳状态的司机,避免更多事故的发生;应用于家用情感机器人,就可以使我们的机器助手更好地判断人们的精神状态甚至心理健康状况,帮助我们协调人与人的关系等。

人在讲话时,不仅可以通过词语表达一定的内容,而且还可以通过各种语调表达情感。在实现有效的社交活动时,听话者不仅要识别话语的内容,还要识别话语中所表达的情感。如果用计算机来实现,则分别称为语音(内容)识别和话语情感识别。

(4)基于生理特征的情感信息。人类在某种情绪状态时,除了产生主观意识体验以外,还伴随着各种生理信号的产生,这些基于生理特征的情感信息,主要有呼吸、皮肤电活动反应、体温、心电图、血压、脉搏以及心肌电流图等。可以通过生理传感器与生理测量仪器输入、测量这些信号,用某种数学计算模型,分析、判断这些生理信号的不同组合模式与各种情绪状态之间的关系,从而可以识别人的情感状态。基于生理特征情感识别的主要应用有智能便携式个人保健与监护系统、司机安全行车的智能监控系统以及计算机游戏与娱乐系统等。

2. 情感自动生成

在内部需要状态的驱动和体内与体外环境刺激的作用下,人的情感状态将按一定的规则产生变化。我们可以人为地给机器赋予情感,使机器看起来好像具有人类情感,为此,需要研究解决下面几个问题:

(1)机器内部需要状态的定义、表示方法以及表征变化规律的模型。

(2)外部环境刺激事件的表示与模型化。

(3)机器情感状态的定义与划分。

(4)根据心理学的有关理论,合理地确定机器的情感状态变化规则,并建立可计算的数学模型。

3. 情感行为表现

随着情感的变化,人的外部表情行为也将随之而变化。通过构造情感机器的运动系统和语音合成系统,可以使情感机器具有表达各种情感的功能。

1.6.4 人工生命、人工智能、人工心理学的关系

三者的关系如图1-13所示。

（1）人工智能、人工心理都是从人的心理活动的角度研究人的内在性能和外部行为。人工智能是从智能的角度来研究人的认知、思维等心理活动；人工心理则是从更广泛的角度来研究人的心理活动，包括感性信息的获取、处理、合成以及人的情绪、情感、性格、意志、创造等。

（2）人工心理是人工智能的继承和发展，人工智能的理论及研究方法是人工心理研究的基础，人工心理的研究需要在借鉴人工智能的理论及研究方法的基础上研究新的理论和方法。

（3）人的内在性能和外部行为除了心理方面以外，还包括生理的、社会的等多方面的内在性能和外部行为，如生长、繁殖、遗传与变异、捕食、交往等。人工生命尤其是广义人工生命则是从更广泛的角度研究包括人在内的"具有类似自然生命的内在性能和外部行为"。所以说，人工生命包含了人工智能与人工心理，是人工智能与人工心理在横向和纵向上的进一步发展。

图1-13 人工生命、人工智能、人工心理的关系

1.7 人工情感建模进展

为了使计算机"具有"情绪，首先，必须理解人类自己的情绪是如何产生的。许多心理学的理论和模型都试图对这一过程做出解释，如刺激-响应理论、生理反应理论、面部表情理论、动机理论、主观评价理论等。目前，最为广泛接受的是情绪的主观评价理论。人工智能学者们对它也给予了最多的关注，许多情绪主体的构造都是基于某个评价理论的。根据认知评价理论，情绪是通过主体在产生情绪体验时对某个其主观上认为重要的事件进行评价而产生的。这种评价过程具有主观性，它取决于主体的特定目标、信念和规范等。不同的主体具有不同的内部心理结构，因此，对于同一外部刺激的解释可能是不同的，最终所产生的情绪将依赖于主体对刺激的认知和主观评价。

下面从理论模型与计算机应用系统两个方面，介绍国内外关于人工情感建模的基本研究情况。

1.7.1 关于情绪系统的理论模型

为了使计算机"自发地"产生情绪，研究者们使用两种方法模拟情绪的产生过程。一种是模拟刺激情绪发生的生理变化，这方面有代表性的工作是Cañamero在1997年提出的系统。他构造了一个虚拟人类的生理系统来模拟人类的生理系统，通过人造荷尔蒙的变化导致情绪的产生。另外一种则是通过认知评价和推理过程来推理情绪的产生。如上所述，大部分情绪的计算模型是基于认知评价理论的，这类模型吸引人之处在于它们可以较为容易地转换为计算机程序代码。根据不同的侧重点，这类模型又可分为两种：结构理论和过程理论。结构理论注重定义不同情绪的评价特征和模式，将与情绪相关的评价组织成一组定性的或定量的变量，称为评价维度，并将这些维度值组合起来与不同的情绪相关联。过程理论则注重评价过程本身，将评价过程描述为一个特殊类型的命题推导过程。

1. 结构评价理论

1) OCC 模型

目前，最有影响力的认知情绪导出模型是Ortony等提出的OCC模型。它是第一个以计算机实现为目的而发展起来的模型。他们假设情绪是产生于一个称为评价的认知过程。评价取决于3种成分：事件、主体和对象。客观世界中的事件根据主体的目标被评价为满意的(pleased)或不满意的(displeased)；主体自身或其他主体的行为根据一组标准的集合被评价为赞成的(approved)或不赞成的(disapproved)；对象则根据主体的态度被评价为喜欢的(liked)或不喜欢的(disliked)。由这些评价中的变量产生了一个包含22类情绪的层次结构。

OCC模型提供了一个情绪的分类方案，并给出了这些情绪类型之下潜在的推理过程。它提供了一个基于规则的情绪导出机制，可以有效地通过计算机进行模拟。它没有利用心理学中普遍采用的基本情绪集合或一个明确的多维空间描述情绪，而是使用一致的认知结构来表达情绪。基于OCC模型，Elliott实现了一个称为情感推理机(Affective Reasoner)的系统，Reilly也构造了一个具有可信性和社会性的情绪主体系统，用于产生交互式戏剧。

2) Roseman 的评价理论

Roseman首先提出了一个认知评价模型，后来经过多次修改，最终形成了一个较为完善的理论体系。模型设定了一些认知的维度来决定一个情绪是否产生以及产生的是何种情绪。模型的修改主要是对这些认知维度细节的修订。最初的模型包含 5 个维度,通过它们的相互结合来推断产生的情绪。

(1) 主体是否拥有一个动机来接近期望发生的情境状态或远离不期望发生的情境状态。

(2) 情景是否与主体的动机状态一致。

(3) 一个引起注意的事件是确定的还是不确定的。

(4) 主体感知这一事件是应得的还是不应得的。

(5) 事件是由谁引起的,是环境、主体自身还是其他主体。

由此,Roseman 定义了一个多维度的情绪空间。一种情绪可以看作是该空间中的一个特定的点。然而,这种情绪空间理论无法解释一些复杂的情绪,如悲喜交集。这种情况下,主体对同一情境同时做出了两种不同的评价,因此,映射后的情绪空间就无法解释一个点为何同时出现在两个位置。

3) Scherer 的模型

Scherer 定义了一个更大的系统,不仅包含认知因素,还综合了其他心理学的成分。5 个功能子系统包含在情绪过程中,通过交互作用产生情绪。系统首先通过感知、记忆、预期及对获取信息的估计来评价刺激因素;其次通过控制神经内分泌、身体以及自治的状态来调整内部条件,据此做出规划、行为准备以及在竞争的动机之间进行取舍;再次控制运动部件将可见的行为表达出来;最后控制注意机制转移到当前状态上,并将结果反馈给其他子系统。其中第一步,即信息处理子系统就是基于认知评价的,称为刺激评价检查(SEC)。这些检查的结果又会引起其他子系统的变化。刺激评价检查共可分为 5 种类型。

(1) 新颖性检查。确定外部或内部刺激是否发生了改变。

(2) 内在愉悦度检查。确定刺激是否是令人愉快的,并引发相应的趋近或回避倾向。

(3) 目标重要性检查。确定一个事件是帮助还是阻碍了主体目标的实现。

(4) 应对能力检查。决定主体认为事件可以控制的程度。

(5) 相容性检查。最终比较事件与主体的内部或外部标准的符合程度。

Scherer 的模型与 Roseman 的模型在机制上有一定的相似性,只是定义了不同的认知评价维度,通过 5 种类型的检查相互作用确定最终产生的情绪。Scherer 的模型优点在于它具有对行为进行选择的能力。行为选择通过动机互相竞争、规划和情境处理模块来实现。

根据上述理论,Scherer 最终构造并实现了一个评价理论的计算模型。这个模型的本质是一个基于知识的系统,提供了大量真实世界中的场景实例。系统的输入是一个情景描述,分为 15 个评价维度,然后与某个根据 14 个原型成分定义的情绪进行匹配。评价维度和情绪维度都是用特征向量表示的,匹配过程是计算输入向量和目标情绪向量之间的欧拉距离。但是这种向量空间的方法有很大局限性,因为当匹配不成功时,系统给出的结果是"没有情绪发生",这显然不符合真实情况,而且不能够将几个评价维度结合起来映射到一个单一的情绪上,无法表示复杂的情绪。

4) Frijda 的理论

Frijda 的理论是以"关注"(concern)为中心的。一个"关注"是系统的一个倾向,希望使环境中或主体自身组织产生某些特定的状态。关注决定了系统的目标和偏好。系统在一个不确定的环境中可能产生多个关注。当一个情境产生,使得这些关注的实现受到威胁时,就会出现所谓的"行为倾向"。这些行为倾向与情绪状态密切相关,如"趋近"的行为倾向产生"希望"的情绪,而"回避"的行为倾向产生"恐惧"的情绪等。他还给出了一个功能性的情绪系统必须具有的 9 个组成部分。

Frijda 的模型定义了 15 个由行为导出的情绪,同一时刻可能存在多个关注。他的模型将重点放在了规划和行为上。这一点对于构建自治主体非常有益,可以很容易地将情绪及其对行为的影响表示出来并加以解释。

2. 过程评价理论

Reisenzein 认为,目前为止,过多的研究重点都放在了情绪的结构理论上,而很少有人关注评价过程本身。因此,他将评价过程同结构理论区分开来。评价过程是通过被评价物体的其他信念来构造评价信念的过程。从认知角度来看,结构理论是以描述评价的说明性语义为目的的,而过程理论完善了对过程语义的描述。

Reisenzein 区分了中心和外围两种不同类型的主要评价过程。外围评价过程的组成部分包括:①计算信念强度和期望强度的过程,作为中心评价过程的直接输入;②不同类型的其他评价过程,用于辅助可能性或期望强度的计算。这二者构成了对一个焦点事件的可能原因和结果的评估,并确定了当前事件与社会和道德标准所符合的程度。中心评价过程包含对期望一致性和信念一致性的检查,这是一个持续不断的并发机制,监控新获得的信念和期望与已有的信念和期望的相容程度。它们感知到主体内部状态,并对系统中重要的变化用信号标记。如果信号超过了一个特定阈值,就产生了干预过程,将注意力集中于特定的输入上,并重新设定期望和信念的强度值,从而产生特性化的意识体验,即情绪。

总体来说,Reisenzein 从一个全新的角度呈现了一个动态的、自循环的信息处理过程。它看起来更自然,也更接近人类真实的情绪产生机制。他的评价过程可以看作是主体(agent)的内部运行机制。他还考虑了核心评价过程的结果对其他评价过程的影响,这在以前的许多模型中是从未提到过的。

1.7.2 关于情绪系统的计算机应用模型

目前为止,我们讨论了几个广为应用的情绪理论和模型,作为进一步实现和应用的基础。这些模型总结了一些典型情绪的产生原因及引发因素,并从理论角度对一个情绪系统的构成成分做出了分类。如上所述,在这些模型背后的运行机制是认知评价理论。在这一部分,我们将看到一些具体的系统,它们大部分是基于规则机制的,各自实现或部分实现了上述的那些模型。

1. Elliott 的 Affective Reasoner

Elliott 的系统可以看作是 OCC 模型的一个计算机实现。这个称为 Affective Reasoner(AR)的系统是一个计算机模拟器,可以在一个多主体系统中进行情绪推理。它是基于 OCC 模型的一个扩展假设来设计的,共有 24 种不同类型的情绪,每一种情绪都由一组不同的认知导出条件通过推理得出。

Elliott 认为,一种研究情绪推理过程的方法是模拟一个主体(agent)所处的假想世界,主体能够参与情绪场景。因此,AR 是在一个多主体世界的环境中发挥作用。每个主体有一组用符号表示的评价框架,包含主体的目标、偏好、行为准则以及当前的心境。某个情境在它们的世界中产生,主体基于各自的评价框架来解释这些情境,情境中的变量与这些解释相关联,这些关联决定了产生的情绪及其强度。然后,在这一特定情境中,一个确定的情绪行为就被引发了。主体可以同时具有多种情绪,甚至可以是相互冲突的。它们不但可以根据情境自己产生情绪,还可以根据其他主体的行为推导它们的情绪。

Elliott 的系统最大的贡献就是使用了显式的评价框架,根据特定的评价变量对事件进行特征化,从不同的角度(主体自己或其他主体)对同一事件进行评价和解释。另外,他显式地归纳了一组能够影响情绪强度的变量。在变量的值和情绪的模拟强度之间架设了一座桥梁。但有些变量之间的差别过于细微,而且变量之间还存在着相互依赖,所以有时需要更复杂、更精确的函数描述这些过程。

2. Reilly 和 Bates 的 EM 系统

EM 是作为一个更大的系统 Oz Project 中的情绪模块来发挥作用的。Oz 的目标是构建处于虚拟现实世界中的自治主体,从而实现一个交互式的戏剧系统。系统希望实现一个与其他系统相比更广泛且更浅显的主体架构。当大多数情绪计算的 AI 系统致力于某个具体的方面且试图将其概括得尽可能精细时,Reilly 和 Bates 采用了相反的方法:他们将精力集中于产生拥有更广泛能力集合的主体上,包括目标导向的反应行为、情绪状态和行为、社会知识和行为以及自然语言能力。每一个能力都很有限,但对于构造广泛的集成化的主体来说都是必须的。

EM 是作为这个系统的一个模块嵌入其中的,用于产生更真实可信的社会行为。它根据是否喜好的特征、行为和当前目标解释了对象、其他主体和环境中的当前状态,然后引发相应的情绪状态(如当目标实现时就会高兴,接近一个自己喜欢的对象等)。通过引入一个累积的阈值机制确定哪种刺激会产生一个情绪反应。

EM 的优点是虚拟主体的情绪强度可以随时间逐渐减弱或持续一段时间,这将取决于情绪的类型和实际的情绪提取情境,与真实世界中相类似。这就赋予了每个主体一个及时更新自己情绪状态的机制,从而可以进行持续不断的交互。

另外,在 EM 中,引入了动机和感知模块作为情绪产生前提的一部分,从而使得情绪的产生机制更为简洁,并且不仅仅依赖于认知结构。

3. Gratch 和 Marsella 的 EMA

EMA 探讨了情绪对认知的影响,以及认知如何作用于情绪。系统使用了评价理论描述主体是如何评价一个情境的,以及结果的情绪是如何在主体中表示出来的。因此,情绪响应不是作为感知系统直接输入的结果,而是基于主体对当前情境的解释,它可以包含任意的认知过程甚至记忆中的前一个情境的回放。类似于 Elliott 的 AR,EMA 使用了显式的评价框架,对事件根据特定的评价变量进行特征化,然而,其评价不仅包含当前条件,还包含可以导致当前状态的过去事件及对将来的预期。系统主要由两个不断重复循环的步骤组成:主体对当前情境进行评价导致情绪产生,然后有选择地对这种情绪进行应对;改变自己的评价(集中关注于情绪,emotion – focused),或者改变自己所处的情境(集中关注于问题,problem – focused)。应对决定了主体对事件进行评价后如何行动,或维持希望的状态,或改变不希望的状态。这两种应对本质上代表了两种相反的评价方向,确定了一个情绪的原因解释,从而决定它应该被维持还是改变。

正如我们所看到的,EMA 不是直接对环境中的事件进行评价,而是将它们解释为记忆中的目标、信念、规划和意图,由一个评价框架对其进行评价。这使得 EMA 避免了大量与某个具体领域相关的评价规则,而这在前面的一些方法中则是必须的。EMA 将一个评价看作从原因解释所具有与具体领域无关的特征到个体的评价变量的映射。与具体领域有关的信息则限制在操作算子描述中,作为规划建立的基础。另外,EMA 中给出了事件的定义,将时间看作任何在原因解释中表示的物理行为,它可以帮助或阻止一些对主体效用不为零的状态,这在以前的系统中是没有的。

4. Sloman 的 CogAff

Sloman 的情绪理论在他的 CogAff 系统中得到了实现。CogAff 是基于两个概念的结合。一是这个系统分为 3 个部分：输入（称为感知）、中心处理、输出（称为行为）。二是每一个部分都分为 3 个不同层次，使得系统可以在不同级别上进行抽象：反应机制，它将外部或内部状态直接映射为行为或情绪，而不经过认知评价过程；意图机制，它对情境进行推理，做出规划，并理解行为的序列，从而通过认知过程产生情绪；元管理机制，它使得主体对不同内部状态的意识和评价成为可能。这一体系的不同层次概括了不同的情绪类型。层次之间的交互和竞争控制导致了更为复杂的情绪。

CogAff 的一个优点是引入了一个先进的自我控制过程作为最高的层次，它的作用类似于心境。这种自我控制机制监控整个内部状态，并为将要发生的情绪趋向提供了一个背景和前提。

CogAff 的另一个优点是：提出了扰动（perturbance）的概念，将不同类型的情绪统一起来。Sloman 认为，情绪通常伴随着一种称为"扰动"的状态，它可以看作是一种失衡的状态。如果整个系统部分失去控制，即当目标实现的动机受到了拒绝、阻碍或推迟时，就会发生这种扰动。

5. Velásquez 的 Cathexis 模型

然而，情绪不仅由简单的推理构成，还由一些低层的非认知性因素影响产生。Izard 指出了关于非认知性因素对情绪产生的影响问题，并提出人类 4 种类型情绪发生器的构想。麻省理工学院的 Velásquez 据此提出了 Cathexis 情绪产生模型。Cathexis 系统由专门主体（称为 emotion proto-specialist）构成，每个专门主体代表一类情绪，对输出行为施加影响。与 OCC 模型中每种情感都对应不同的规则不同的是，Cathexis 模型的核心规则只有一条，也就是它的情绪更新规则。

第 2 章 人工情感

本章从表情识别出发,综述了情感建模和人工心理的基本理论。重点叙述了表情识别的技术发展、情绪的维度表示和情感建模的研究进展。

表情识别从实现的步骤上可以分为表情图像获取、表情特征提取和表情分类器设计,综合对比了特征提取和分类器设计这两个关键步骤的技术手段;另外,从识别对象静止与运动的角度综合对比了针对静态图像和运动视频表情识别的方法;最后,针对较成熟的表情识别系统做出了综合性的比较。还详细介绍了表情测量的各种体系,探讨了表情识别研究中的难点。

情感建模部分全面地总结了心理学研究中情绪相关的基本概念、情绪的基本理论、情绪与表情的关系和情绪的维度表示,并综述了人机交互中情感建模的研究进展。

2.1 表情识别

本节将表情的研究简单地分成人文研究和工学研究,分别对应着生物学、生理学研究和表情测量的研究,以及计算机对表情自动识别与分析的研究,最后对计算机表情识别的难点做出总结。

2.1.1 表情的人文研究

1. 生物学、生理学的研究

人类对于面部表情的研究早在达尔文之前就有记载。C. B. Duchenne du Boulogne 是神经生理学的先驱,也是颇具创新的摄影师,他在 1862 年法国出版的 *The Mechanisms of Human Facial Expression* 一书中迷人的照片和卓有见地的评论成为日后许多学者专注于人类面部表情研究的重要原因之一。

达尔文在 1872 年出版的《人与动物的情感》一书中,依据他对动物及原始人的轶事及面部表情等方面的研究,对人和几种动物的表情、动作的起源和发展予以揭示,认为其中的主要原则如下。

(1) 能够满足某种欲望或是医治某种感觉疾病的一些有益的活动,如果经常反复进行,就会成为一种习惯。

(2) 反对原则。在反对的冲动下有意识地施行反对运动的行为,经过我们一生的施行成为坚定不移的习惯。

(3) 与意志独立无关,与习惯也大部分无关,只与兴奋的神经系统在身上的直接作用相关。

达尔文认为,人和低等动物所表现出的主要表情动作,凡是现在仍然具有的,即为可遗传的,它是任何人都承认的,并非后天所学而具有的。为了某一特定的目的或模仿他人而在人一生中早期时,有意识或刻意地去学习,之后使之成为一种习惯的表情动作,不过两三种罢了。此外,书中还阐述了愉快、苦恼、恐怖、啼哭、愤怒等几种表情的起源与发展,提出表情有传达信息和信号的功能,对动物生存有重要价值。

2. 表情测量研究

20世纪70年代初,开始出现了测量由肌肉运动产生的脸部运动的方法。

(1) EMG。在脸部运动的神经解剖学中有一种EMG方法,即测量筋骨活动电流计或肌肉运动电流记录图。这种方法能测量不可见运动,因此不是一种社会性信号。

(2) FACS。Ekman等在总结过去对面部表情评定工作的基础上制定出面部运动编码系统(Facial Action Coding System,FACS)。它是通过判定每块肌肉是怎样单独或与其他肌肉结合在一起运动而发展形成的。它用5000多种肌肉运动的不同组合来区别人脸所发生的不同表情变化。它采用46个能够独立运动的表情活动单元(AU)描述面部表情的动作,12个AU大致描绘了头部朝向。这些单元与使面部表情改变的肌肉结构紧密相连。

Essa等把提取的新运动单元命名为FACS+,它基于物理和几何模型,用模型匹配的方法识别表情。

(3) MAX。心理学领域对于表情的测量,除了FACS系统,还有伊扎德(Izard,1979)提出的最大限度辨别面部肌肉运动编码系统(Maximally Discriminative Facial Movement Coding System,MAX)是为保证客观性和精确性的微观分析系统,它以面部肌肉运动为单位,是用以测量区域性的面部肌肉运动的精确图式。MAX的单元是以8种不同的情绪相关的表象来定义的,而不是独立的肌肉。MAX并没有大量的测量脸部的运动,而只是与8种情绪相关的脸部运动。MAX中所描述的脸部运动在FACS中都可以找到,但是在FACS中包含的许多脸部运动的推断,在MAX中并没有出现。关于MAX中说明的与情绪相关的运动是否有效还有争议。

(4) AFFEX。表情识别整体判断系统(System for Identifying Affect Expres-

sion by Holistic Judgment,AFFEX)是保证有效性的客观分析系统,它提供的是关于面部表情模式的总概貌。

迄今为止,FACS 被普遍认为是最为详尽、最为精细的面部运动测量技术,它能够测量和记录所有可观察到的面部行为。大部分计算机人脸表情识别技术,都是以 FACS 为心理学理论基础的。这里采用的也是 Ekman 提出的基于此的人脸的 6 种基本表情,分别是高兴、悲伤、惊奇、生气、厌恶和恐惧,如图 2-1 所示。

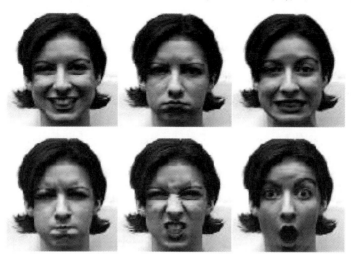

图 2-1　6 种基本的人脸表情(从左到右:高兴、悲伤、恐惧;愤怒、厌恶和惊奇(来源于 CMU - PITTSBURGH 库))

2.1.2　表情的工学研究

表情识别通常分为 3 个步骤:表情图像获取、表情特征提取和表情分类器设计。一般来说,表情识别算法的主要区别在于特征提取和分类器设计这两个环节。表情特征提取与识别方法的分类如图 2-2 所示。

目前,大部分表情的分析与识别主要是针对基本表情的分析识别,使用的方法大致归为两类:一类是基于静态图像(单一图像)的方法,这类方法只考虑单帧图像的空间信息和人脸的几何结构信息,计算量较小,比较适合实时表情识别;另一类是基于动态图像序列的识别方法,这类方法考虑了表情图像的运动信息,把表情变化的时间和空间信息结合起来,因此识别率较高,计算量较大。

1. 基于静态图像的表情识别方法

Mattew 等采用 Gabor 小波变换与局部 PCA 方法进行表情图像的特征提取,然后用 Fisher 线性鉴别分析对提取后的图像进行重要特征部位定位,最后通过

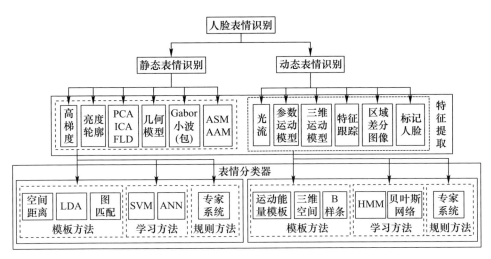

图 2-2 人脸表情特征提取与识别方法

集成神经网络进行识别。Christin 等研究微笑和中性两种不同表情,同时考虑到表情强度,他们采用神经网络来识别表情及表情强度,实验结果表明,该方法鲁棒性较强。刘伟锋提出了基于脸型分类的表情识别框架,首先将人脸按脸型进行分类,在同一脸型下再对表情进行分类和识别,在三维表情数据和 JAFFE 人脸数据库中进行了实验,实验结果表明,在脸型分类的基础上进行表情识别的识别率大大提高。Gwen 等采用 Gabor 变换对上半脸、下半脸及整个人脸分别提取表情特征,通过二分类法进行分类。通过对比实验表明,采用 MLR 的融合方法最好,达到 91.5% 的识别率。Hai Hong 等针对不同人脸分别建立相应表情库作为训练样本,采用弹性图匹配方法进行训练识别。该方法的识别率对熟悉的人脸的表情识别率达 90% 以上,对不熟悉的人脸的表情识别率为 65% 以上。有学者结合局部无监督学习策略与神经网络进行表情识别,在 Yale Faces Database 上测试结果为 84.5%。Gwen 等分析了结合 Gabor 小波变换和支持向量机识别 Duchenne 微笑和 non-Duchenne 微笑。对比实验表明,多项式核和高斯核比线性核识别效果要好,多个 SVM 的线性组合比单个 SVM 的识别效果要好。

有学者采用小波能量特征和 Fisher 线性判别函数提取表情识别的特征,使用最近邻分类器识别 7 种表情,基于 JAFFE 表情图像库实验结果达到了 92.86% 的正确率。也有学者提出一种新的描述静态人脸表情图像的符号,称为 TC(Topographic Context)。这种新的方法是将地形分析(Topographic Analysis)应用于人脸表情分析,将人脸看做一个三维平面,标注每一像素的地形特征。实验分析表明,TC 能很好地表达 6 种基本表情的特征,取得了 82.61% 的识别率。实验结果显示,在很多方面效果都比之前的研究要好:基于 LVQ 特征分类表情识别技术要比之前的 MLP 分类技术效果好;去除 JAFFE 表情图像库中表达表情不恰当的图像后识别率从 87.51% 上升到 90.22%。

2. 基于动态图像序列的表情识别方法

有学者建立了一个实时识别微笑和平静两种表情的系统,首先利用相邻帧间的运动信息提取脸部轮廓特征点,进而检测出人脸区域;然后定位眼睛特征点,从而定位脸部其他特征点;最后利用 SVM 对微笑和平静两种表情进行分类,准确率达到 98.5%。

相关研究利用 ICA 提取特征并训练 SVM 表情分类器识别运动单元 AU 达到了很好的识别效果。同时,也有学者提出一个基于网络的对不同的人脸表情建立融合不同种族的判据的调查系统,目标是给研究者提供一个通用的表情特征,收集的数据融合了被调查者的选择和研究者一系列的测量计算,到目前包含了 1785 个人的 40704 种对各种表情的特征描述。有研究综述了多模式人机交互的主要途径,特别关注情感交互(人脸表情识别和视频中情绪的检测)并且讨论了其相关的应用。

Antonio 等提出一种嵌入式人脸及表情识别系统,采用 Bayesian 网络,结合人脸特征外表信息及特征点位置变化信息对人脸进行建模,并采用 Bayesian 网络框架在基于最大似然概率准则下实现人脸及人脸表情的识别。该方法的缺点是对人脸特征区域定位及特征点跟踪的准确性比较敏感。采用半监督学习进行人脸表情识别,结合已标记训练样本和无标记测试样本数据,采用最大似然估计法来寻找最优 Bayesian 网络结构模型,达到对样本数据分布概率的最佳逼近,该方法找不到最佳 Bayesian 网络结构模型时,必须结合其他方法,如主动学习方法。

Jenn – Jier J. Lien 讨论了基于 FACS 运动单元的自动人脸表情识别及表情强度识别,针对 9 种 AU 单元或其混合单元,采用 3 种自动提取图像序列的特征信息:特征点跟踪、光流跟踪、高梯度成分分析。提取上述 3 种特征流后,经过向量量化采用 HMM 进行识别。实验结果表明,基于光流的特征向量识别率比较高,但计算量较大;其他两种特征流识别率相对较低,计算量较小,适合在线运行。相关研究则对图像序列提取 4 个不变矩,通过 HMM 进行表情识别。同时提出基于 Kalman 预测的 AAM 视频跟踪算法,利用当前帧跟踪结果通过 Kalman 滤波预测下一帧中关键点的位置,并采用跟踪结果对形状模型进行更新,从而减少搜索空间,使在视频中进行人脸特征搜索的速度得以提高。提出一个基于二元隐马尔可夫模型(HMM)的视频人脸表情识别模型,将跟踪的特征分割构造为两个独立的特征向量流,使表情动作和嘴巴动作得以分离,既保持二者的时间关联性,又保持在人脸运动中的独立性,使识别的准确率得到提高。Ira Cohen 等采用多层 HMM 结构对视频图像进行自动分割和表情识别,考虑 6 种基本表情,分别训练一个 HMM 共 6 个 HMM 作为底层 HMM 组。解码底层 HMM 组的状态序列,并把其作为一个新的观测序列作为高层 HMM 的输入信号。这个高层 HMM 由 7 个状态组成,分别代表 6 种表情和中性表情,对高层 HMM 状态序列解码得到视频序列中每一帧所对应的表情。有学者提出一种多流隐马尔可夫模型(multistream HMM)人脸表情识别系统,使用 MPEG-4 标准支持的人脸动画参数(FAP)作为人脸表情识别的特征,特别是用它描述嘴唇外边缘轮廓和眉毛的运动。实验结果表明,比起单流隐马尔可夫模型,多流隐马尔可夫模型减少了 44% 的错误率。也有学者提出一种用于图像序列的同时考虑时间和空间因素的方法。使用 FICA 提取时间域的特征,提取形变信息作为空间域的特征,使用 HMM 分类器识别 6 种基本表情。实验结果显示,系统得到平均 92.85% 的识别率。

相关的文献给出了一种基于专家系统的人脸表情识别及表情强度估计方法。首先提取人脸特征信息,如特征点位移信息、人脸器官轮廓信息、特定区域灰度信息,并把其作为系统输入,与规则库中相关规则比较得出结果。

有学者提出一种编码的动态表情识别的特征,设计了动态 Haar-like 特征表达随时间变化的表情变化特征。基于二进制编码的思路,将提取到的动态特征进行二进制编码以构建 Boosting 学习算法中的弱分类器。在 CMU 库中的实验表明,该算法有效地提高了识别率。也有学者提出了一种混合的 Boost 学习算法识别人脸表情。该系统中首先应用肤色检测人脸图像,应用弱分类器和强分类器一起进行人脸检测和表情识别。其最大的特点就是提出基于 Harr-like 局部和 Gabor 全局特征的弱混合分类器。实验结果显示,该系统比其他系统有更好的识别效果。其中应用 DNMF(Discriminant Non-negative Matrix Factorization)提取纹理信息进行初步分类,应用变形的网格提取形变信息,通过 SVM 分类器粗分类,之后融合这两种结果进入 MRBF(Median Radial Basis Functions)分类器,得到最后的识别结果。实验结果表明,基于 Cohn-Kanade 库识别七类基本表情的识别率为 92.3%,识别 17 种 AU 的识别率为 92.1%。

总结归纳两大类面部表情识别方法如表 2-1 所列。

表 2-1 表情识别算法性能比较

参考文献	被识别的表情	使用的图像库	识别率
9	H,A,D,F,SA,SU	CMU-PITTSBURGH	已知:95%;未知:72%
10	H,A,D,F,SA,SU,N	POFA 数据库	在线:85%;批处理:92%
11	H,N	FERET 数据库	91.5%
12	H,A,D,F,SA,SU,N	JAFFE 数据库	平均90%以上

续表

参考文献	被识别的表情	使用的图像库	识别率
13	H,A,D,F,SA,SU,N	DFAT-504 数据库	91.5%
14	H,A,D,F,SA,SU,N	自建数据库	90%
15	H,SA,SU	Yale Face 数据库	84.5%
17	H,A,D,F,SA,SU,N	JAFFE 数据库	92.86%
18	H,A,D,F,SA,SU	MMI 数据库和 CMU-PITTSBURGH	82.61%
19	H,A,D,F,SA,SU,N	JAFFE 数据库	90.22%
20	H,N	自建数据库	98.5%
24	H,A,D,F,SA,SU	自建数据库	85.94%
25	H,A,D,F,SA,SU	Chen-Huang 和 CMU-PITTSBURGH	83.62% 81.80%
26	AU	CMU-PITTSBURGH	特征点跟踪:85% 流跟踪:93% 高梯度成分分析:85%
27	H,A,D,SU	自建数据库	96.77%
28	H,A,D	自建数据库	90%
29	H,A,D,F,SA,SU	自建数据库	平均80%以上
30	H,A,D,F,SA,SU,N	CMU-PITTSBURGH 和自建数据库	83.3%(推广:65.11%) 推广:73.81%
31	H,A,D,F,SA,SU	自建数据库	最好:93.66%
32	H,A,D,F,SA,SU	CMU-PITTSBURGH	平均:92.85%
33	H,A,D,F,SA,SU	自建数据库	86.3%
34	H,A,D,F,SA,SU	CMU-PITTSBURGH	平均95%以上
35	H,A,D,F,SA,SU	自建数据库	对训练样本:93.1%
36	H,A,D,F,SA,SU,N	自建数据库	93%
38	H,A,D,F,SA,SU,N	Cohn-Kanade	92.3%
39	H,A,D,F,SA,SU,N	自建数据库	平均90%以上
40	H,A,D,F,SA,SU	Cohn-Kanade 和自建数据库	73.5%~98.1%并应用到AIBO robot
41	H,A,D,F,SA,SU,N	自建数据库	最好72.42%
42	H,A,D,F,SA,SU,N	Cohn-Kanade 和自建数据库	98.1%

注:表中字母的含义分别为H—高兴、A—愤怒、D—厌恶、F—恐惧、SA—悲伤、SU—惊奇、N—平静这7种表情

综上所述,自动表情识别经过了 20 多年的发展,技术上已经达到了一定的成熟度。很多著名的研究机构都开发了不同用途的人脸表情识别系统。典型的表情识别系统的情况如表 2-2 所列。

表 2-2 典型的人脸表情识别简表

研究者	表情种类	系统描述
Paul Ekman	H,A,D,F,SA,SU,N	提取面部 AU,利用 AU 的编码分析表情
Padgett	H,A,D,F,SA,SU	提取表情的形变主分量特征和神经网络分类器
M. Lyons	H,A,D,F,SA,SU	手工定点,提取 Gabor 表情特征
M. Black	H,A,D,F,SA,SU	提取眼睛、嘴巴等特征部位的运动信息
I. Essa	H,A,D,F,SA,SU	利用整体光流法得到脸部的三维运动信息,建立脸部的肌肉运动模型
M. Bartlett	H,A,D,F,SA,SU,N	混合算法的系统:综合差分图像、光流法的运动模型和灰度的脸部皱纹模型 3 种特征,采用 ANN 的分类器设计
Lien	H,A,D,F,SA,SU,N	混合算法的系统:综合图像整体流分析、特征点的跟踪和高梯度成分分析 3 种特征,采用 HMM 的分类器设计
A. Lanitis	H,A,D,F,SA,SU	利用活动模板模型提取脸部形状和纹理信息
Zhang Y M	H,A,D,F,SA,SU,N	基于 FACS 系统,建立动态贝叶斯网络模型和表情运动的概率模型进行识别

注:表中字母的含义分别为 H—高兴、A—愤怒、D—厌恶、F—恐惧、SA—悲伤、SU—惊奇、N—平静这 7 种表情

2.1.3 计算机表情识别的难点

人类用肉眼识别人脸信息几乎没有什么困难,但用计算机来识别人脸面部表情是一个非常复杂的问题,它关键在于建立一个人类情绪的模型,并将其与人脸面部表情变化联系起来,但人脸是个柔性体,不是刚体,很难用模型来精确描绘。表情识别还存在其他难点。

(1) 人类表情十分丰富,而且瞬息万变,计算机的运算能力很难实时、全自动地识别表情细微而复杂的变化。

(2) 光照对于人脸图像的影响很大,同一个人的同一个表情图像,如果光照不同,可能得到完全错误的分类结果。

(3) 没有统一的表情库使得难以对各种识别方法进行比较和判断。目前较常用的表情库包括美国卡内基梅隆大学建立的人脸表情数据库(简称 CMU - PITTSBURGH,也就是这里所使用的)、日本 ART 建立的日本女性表情数据库(简称 JAFFE)等。

(4) 目前可供研究的数据中,数据库表情带有很强的人为色彩,而现实生活

中人们的表情可能并不夸张,因而,实验室中采用的方法难以应用到实际生活中。

(5) 表情识别研究涉及的许多学科理论和方法的局限性对表情识别也是一个不容忽视的问题。

计算机人脸表情识别虽然有很多难点,但是其广泛的应用前景使得表情识别被越来越多地关注,在未来的探索研究中,以下是值得关注的几个方面。

(1) 鲁棒性有待于进一步提高。目前,主要的干扰是光照的变化和头部的偏转,对于背景复杂、光线较差的场景识别的准确率仍有待提高。

(2) 表情识别的普适性有待加强。目前的表情识别并没有考虑到民族和种族的概念,对于识别人群有局限性,而一个成熟的系统应该具有普适性。

(3) 混合表情的识别。能识别的表情种类反映了系统功能的完备性,现在的大多数系统只能识别夸张化的基本表情,这对其应用的领域和提供的服务产生了很大的限制。

(4) 表情识别的计算量有待降低。表情识别是一个实时性的系统,要求系统的处理速度能够满足实时性,所以需要一种好的方法来降低提取的特征的维数,提高计算速度。

(5) 与其他领域技术的融合有待加强。表情识别的目的是要推测人的内心情感,从而让计算机能够提供更人性化的服务。但是表情只是内心情感的一种表达方式,为了更地提供服务,表情识别应该和反映人情感的多方面因素(如语音语调、脉搏、体温等)相结合,增加识别的准确性。

2.2 情感建模

2.2.1 情绪心理学的基本概念

1. 情绪

情绪是一种心理状态或过程,目前在科学界还没有对情绪的定义取得一致的意见。情绪是一种不同于认知或意志的精神上的情感或感情,是人对客观事物的态度的体验。情绪是人(包括动物)所具有的一种心理形式。它与认识活动不同,具有独特的主观体验形式(如喜、怒、悲、惧等感受色彩)、外部表现形式(如面部表情),以及独特的生理基础(如皮层下等部位的特定活动)。总之,各种对于情绪的定义侧重不同,分别强调了动机特性、个体与环境的关系和反应倾向3个方面,相应地强调了情绪的3个主要成分:主观体验、外部行为和生理唤醒。

2. 情感

经常用来描述具有稳定而深刻社会含义的高级感情。就脑的活动而言,情感和情绪是同一物质过程的心理形式,是同一件事情的两个侧面或两个着眼点。其实,情感一词包括一个"感"字,有感觉、感受之意;还包括一个"情"字,有区别于感觉的感情之解。可见,情感作为一个感情性反映的范畴,着重表明情绪过程的感受方面,也就是情绪过程的主观体验方面。美国心理学家普里布拉姆(K. Pribram)提出,人的体验和感受对正在进行着的认知过程起评价和监督的作用,这一解释突出表达了情感、体验的性质和作用。和情感相比较,情绪着重表明情感的过程,重点描述情感过程的外部表现及其可测量的方面。因此,常常在描述人的主观体验,特别是在描述人的高级社会性情感时使用情感的概念,面对动物则很少用。

3. 情绪表现(表情)

它是指情绪在有机身体上的外显表现,包括在身体姿态、语声和面部上的表现,成为姿态表情、语声表情和面部表情。表情是情绪所特有的外显表现,在高等动物的种属内或种属间,它们起着通信的作用。人类表情是人际之间进行交际的重要工具,尤其是面部表情起着重要的作用。表情也是研究情绪现象的重要客观指标。

2.2.2　心理学中情绪与表情的理论

古希腊早期著名的先哲赫拉克利特认为,人体征的变化一般反映了人情绪的变化,如体温的变化(高/低)和出汗的多少(湿/干),正常情绪状态下身体出汗少并且体温低,这就是人类关于情绪最早并且最为朴素的认识。在早期的先哲中,阿那克萨哥拉、恩培多克勤、戴奥真尼斯、希波克拉底、德谟克里特、苏格拉底、柏拉图和亚里士多德等对于情绪都有自己的观点。生物学家达尔文在《人与动物的情感》一书中,依据他对动物及原始人的轶事及面部表情等方面的研究,尽力对人和几种动物的表情、动作的起源、发展予以揭示,并阐述了愉快、苦恼、恐怖、啼哭、愤怒等几种表情的起源与发展,提出表情有传达信息和信号的功能,对动物生存有重要价值。从古希腊早期到现在,越来越多的学者投身这一领域的研究,关于情绪的各种理论如图2-3所示。

早期的情绪理论(也称为古典理论)认为:

(1) 情绪是对其他系统产生影响并受其他系统影响的系统。

(2) 各种情绪有相似之处也有不同之处。

(3) 一些情绪是基本的和原始的,另一些情绪是派生的和继发的。这暗示着情绪有自然的和培养的之分。

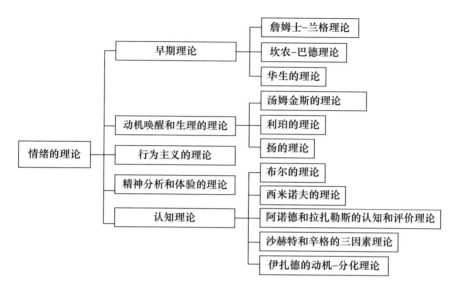

图 2-3 关于情绪的典型理论

(4) 情绪在强度上有一定的范围,当超过一定程度时,它将发生质的变化。

(5) 情绪实际上是一种能量或动机。

(6) 在偶然地强调随意肌的卷入和情绪表现的一面时,这就在暗示着情绪控制的可能性,它具有明显的治疗学方面的意义。

行为主义的情绪理论详尽地论述了行为,认为情绪是由强化刺激的性质和复杂的经典性条件作用决定的。但是如果要了解情绪的全部奥秘,就必须对认知和主观体验加以研究。纯粹的行为主义分析并不能做到这一点,因此,行为主义的情绪理论是有缺陷的。

精神分析和体验的情绪理论使用意识、意愿,在萨特的理论中甚至还有魔力等术语。这些论述不可观察,不能为科学研究提供依据。

认知情绪理论认为,认知在情绪中起着决定性的作用,有时还起着原因的作用。在情绪的认知理论中,最常出现的概念是评价。它是一个认知估计过程,通常被认为是瞬时的,认知理论家们认为它是情绪必不可少的组成部分。因此,他们并不只屈服于情绪体验,而是努力去思索这一调节着情绪的认知机制。

各种情绪理论的共同之处如下。

(1) 认为情绪并不能独立存在而只能作为激活的一个方面的理论自然要遭到抛弃。

(2) 大部分情绪理论的共同之处是:它们都明确或含蓄地指出存在着分立的情绪、表情和情绪体验。

(3) 对表情尤其是面部表情的日益重视；由于论述到唤醒和认知在反馈过程中的作用,对意识在情绪中的作用日益深入探讨。

表情的心理学研究,主要源自情绪心理学方面的研究。情绪作为一种情感过程,是心理现象的重要组成部分,如图2-4所示。情绪与情感的区别:①情绪与情感和不同层次的需要相联系。一般来说,情绪与人的自然需要能否满足相联系,如饮食需要的满足与否,引起满意或不满意的情绪体验;温、冷适应需要满足与否,引起舒适不舒适的情绪体验。情感是人类特有的,与社会需要相联系,是对于受社会关系所制约的态度的反映,如集体感、责任感、友谊感、爱国主义情感等。②情绪具有较大的情境性、激动性和暂时性,它随着情境的改变,需要的满足减弱或消失。情感具有较大的稳定性、深刻性和持久性。③情绪的强度较大,带有明显的冲动性和外部表现,如高兴时手舞足蹈、愤怒时暴跳如雷,情绪一旦产生,往往难以控制。情感常以内心体验的形式存在,比较内隐,如深沉的爱、殷切的期望、痛苦的思虑等,不轻易外露。

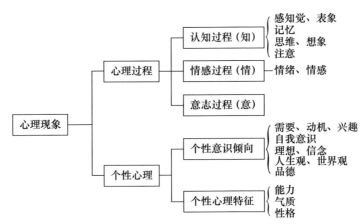

图2-4 心理现象及其分类

情绪反映的是客观现实中对象和现象与人之间的关系,是一个人由对事物的态度而引起的主观上的内心体验,是主观的意识经验。人在发生情绪时,伴随着肌体的一系列生理变化,这种变化就是表情。因此,可以说,表情是情绪的一种外在的表达方式,也是人们交往的一种手段。人们除了言语交往之外,还有非言语交往。在人类交往过程中,言语与表情经常是相互配合的。同是一句话,配以不同的表情,会使人产生完全不同的理解。表情比言语更能显示情绪的真实性。有时人们能够运用言语来掩饰和否定其情绪体验,但是表情则往往掩饰不住内心的体验。因此,一些心理学家在研究人类交往活动中的信息表达时发现,表情起到了重要的作用。具体地说,表情又可以分为三类:面部表情、身段表情和语调表情。

表情作为情绪的外在表现,它和情绪的对应关系并不是线性的,可以说,一种表情常常不代表同样的一种情绪,由于个体本身的不同个性,它们之间应该存在着一种转换的关系,遗憾的是,心理学中这方面的研究依然处于探讨阶段。正因为如此,对情绪的建模是非常复杂的,大部分表情研究工作都将面部表情作为情绪的直接体现,将具有共通性的 7 种表情作为人类情绪的直接反映。

2.2.3 情绪的维度表示

情绪的维度(dimension)是指情绪在其所固有的某种性质上,存在着一个可变化的度量。例如,紧张是情绪具有的一种属性,而当任何种类的情绪发生时,在紧张这一特性上可以有不同的幅度,紧张度就是情绪的一个维度,或一个变量。情绪的维度幅度变化有一个特点:具有极性(polarity),即维度不同幅度上的两极。例如,紧张维的两极为"松缓 - 紧张"。情绪的维度与极性是情绪的一种固有属性,在情绪测量中必须把它作为一个变量来加以考虑。

维度论认为,几个维度组成的空间包括了人类所有的情绪。维度论把不同情绪看作是逐渐的、平稳的转变,不同情绪之间的相似性和差异性是根据彼此在维度空间中的距离来显示的。有学者将情绪定义为二维的空间,一个轴表示唤醒度(高和低),另一个轴表示快乐值(积极和消极)。

和上面的情绪模型相似,出现了很多种超越文化的对情绪的评价模型。20 世纪 80 年代,许多理论学家提出,情绪的体验与人体对环境的评价是密切联系的,这样的维度模型有罗斯曼(Roseman)、沙尔(Scherer)、史密斯和埃尔斯沃思(Smith & Ellsworth)、弗里达(Frijda)、拉扎勒斯(Lazarus)的模型。评价的维度分别是活跃维、愉快维、可控维和确信维。总之,迄今提出的维度划分方法是各种各样的,其中对一些维度理论的总结如表 2 - 3 所列。

表 2 - 3 情绪维度理论的小结

代表人物	主要思想
冯特	感情过程分布在愉快 - 不愉快、兴奋 - 沉静、紧张 - 松弛 3 个维量上,每种情绪在具体发生时都按照 3 个维量分别处于两极的不同位置上
施洛伯格	依据面部表情对情绪分类研究提出了一个三维量表。根据这个量表可以把任何情绪准确地予以定位
普拉奇克	任何情绪的相近程度、强度都有不同,任何情绪都有与其在性质上相对立的另一种情绪。在一个倒立的锥体切面上分隔为块,切面上的每一块代表一种情绪
克雷奇	情绪模式由强度、紧张水平、复杂度和快感度这 4 种维度组成。用 4 种维度的数值大小就可以描述各种情绪

续表

代表人物	主要思想
布鲁门瑟尔	情绪是注意、唤起和愉快3因素的结合,把这3个因素的特定结合解释为某种情绪
弗里达	情绪是愉快 – 不愉快、兴奋、兴趣、社会评价、惊奇和简易/复杂的混合体
沃森	假定3种类型的基本情绪反应:恐惧、愤怒和爱,把这3种反应标示为 X、Y 和 Z 作为情绪模型的坐标
米伦森	定义以3种原始情绪(焦虑、欢欣和愤怒)作为基本轴线的三维度情绪坐标系统,其他情绪是这些基本情绪的合成
伊扎德	从最初提出的8种维量中经过筛选确定4个维量:活跃度、精细度、可控度和外向度,由这4个维量确定情绪模型
泰勒	采用评价(相当于快乐度)、唤醒和行为(相当于趋避度)3个维度值对陌生面孔进行表情识别

2.2.4 情感建模的研究进展

情感建模和机器情绪表达是人机情感交互系统中的重要组成部分,越来越引起研究者的兴趣。关于情感建模较为典型的应用总结如表2 – 4所列。

表2 – 4 情感建模的研究

研究者	研究方法
唐孝威	近似描述情绪体验强度的心理量 E 和客观呈现事件数量的物理量 P 之间的对应关系的数学公式是 $E = a\lg P + b$
T. J. Tracy 等	认为情绪是包括时间变化和不能被线形模拟的复杂现象,用非线形动态系统方法对情绪结构进行表述
Ortony 等	OCC 情绪模型中将情绪依其起因区分为三大类:事件的结果、智能体的动作和对于对象的观感3个方面,利用知识规则推断结果
A. Sloman	CogAff 包括情感三层体系结构,推测并模仿成人大脑中至少有三层体系结构:反应层、传输层和自我监控层
Botelho	Salt&Pepper 模型反映自治 Agent 的人工情感,有3个主要层次:认知和行为发生器、情感发生器以及中断管理器
D. Canamero	模拟生理变化产生情感的过程。模型是一个由 Abbott 和 Enemy 两类居民组成的二元社会
J. Velasquez	Cathexis 的情感综合产生器模型,是一种包含专门情绪系统的网络结构
Custodio 等	EM 模型可用于智能控制,由认知层和感知层组成
Picard	HMM 模型有3个情绪状态(以扩充为多个),认为人的情绪状态不能被直接观察,某一状态的特征能够被观测,通过特征来找出可能的情感状态

续表

研究者	研究方法
C. Breazeal	Kismet 的情感模型是作为环境、内部刺激和行为动作的媒介,对外界输入的刺激和内部需要进行综合判断从而引起表现行为的各种变化
早稻田大学研究者	WE-4R 的智力模型由反射、情绪和智力的三层结构建造,把情绪区分为学习系统、心境和动态响应
秦莉娟	用松弛算法进行线性迭代匹配的方法,并在相关系数计算中引入情感数学公式

机器的情绪表达很多时候是随着情感建模同时进行的,例如,卡内基梅隆大学开发的机器人接待员 Valerie 可以讲关于自己的故事,有"朋友",有自己的性格和爱好,可以接电话,解答一些问题并且能够进行情绪交流。Valerie 拥有情绪交流的能力之前肯定首先要有自己的情绪模型。日本早稻田大学开发的 WE-3RV 情感机器人能够识别多种外界刺激信号,改变自己的情感状态,并作出相应面部表情、颈部运动及声音表情一系列的情感表达。

2.3 情感模型

对情感进行度量的思想吸引着心理学、认知科学和信息科学等很多学科的研究人员。不同学科的研究者从不同的角度试图模拟情绪的产生和变化,虽然情绪的复杂性以及人类对本身情感变化规律的研究尚不完善,使得这项工作显得十分艰巨,但对于情感量度的不断探索已经使得这项工作出现了进展,加深了各学科对情绪的认识。目前,已经有很多关于情绪的模型出现,当然不能过多质疑这些模型是否完美地实现了对人或动物的情绪定量的描述和分析,但至少有些模型从功能的角度实现了有限的模仿,并且在模仿的范围上也不断扩大。可以说,从工程的角度,至少在目前,并不幻想完整实现对情绪变换的分析度量。我们需要的是完成一些任务、一些功能。使机器自发地产生类似人或动物的情绪似乎还很遥远,并且有无必要还存在争议。同时,使机器显得像有情绪或者有限的模仿情绪是一些研究者正在进行的富有意义的工作,并出现了很多的成果。目前,有很多针对情感模型的探索研究,下面简单介绍当前比较有影响的情感模型。

2.3.1 Salt&Pepper 模型

里斯本大学的 Botelho 提出了一个 Salt&Pepper 模型来反映自治 Agent 的人工情感。Salt&Pepper 模型有 3 个主要层次:认知和行为发生器、情感发生器以及中断管理器。情感引擎包括情感传感器、情感发生器和情感监控器。

在情感信息处理中,情感引擎首先通过情感发生器对 Agent 的全局状态进行估价,把情感信息分类为情感标记、对象的评价、紧急性评价,然后把每个情感信号以节点的形式存储在长期记忆单元,节点之间可以交互,节点还包含有相应的情感反应信息。情感的强度与这些节点的活动水平相关。产生情感反应,然后这些情感反应使 Agent 全局状态发生改变。

2.3.2 EM 模型

葡萄牙的 Custodio 等提出的基于情感的系统(EM)是一种可用于智能控制的模型。EM 模型由认知层和感知层组成。外界环境对系统的刺激同时在这两层的处理器中并行处理。前者抽取以模式匹配为目标的认知图像(Ic),该图像包含能恢复原始图像的足够丰富的信息;后者则抽取输入图像的基本特征,产生简化的感知图像(Ip)。此外,在感知层中还要建立一个愿望向量 DV,该向量的每一个分量对应一个基本刺激的评价,如"好""坏"等以及相应的对策(反应)。在 Ip 与 DV 之间有一个直接的映射。在系统的主存储器中存放有过去经历过事件所对应的认知图像、感知图像和 DV。认知处理器在从外界刺激获得认知图像后,就会在主存储器中寻找匹配,而在其工作存储器(内存)中则存放当前输入的认知图像、DV、感知图像以及匹配过程的结果。系统对输入刺激的反应(采取的行动)主要来自 DV,但在必要时也可以来自认知处理器。系统所采取的行动会使环境发生变化,使系统感受到新的刺激,这种反馈刺激使系统知道其行为的效果,同时也使系统能在不同的层次上进行学习,在感知层更新感知映射,而在认知层则对认知图像进行 DV 标记。可以看出,这一模型的感知层如果将其与认知层的联系短路就是前述基于行为的系统。由于感知层与认知层之间的相互作用,EM 能完成更复杂的任务,并进一步与基于理智(逻辑推理)的上层系统接口。

2.3.3 隐马尔可夫模型

这是 Picard 在 1995 年提出的一个 HMM 模型。这个模型有 3 种情绪状态,但它可以扩充为多个。Picard 认为,一个人的情绪状态(即快乐、兴趣和悲伤)不能被直接观察,但某一状态的特征能够被观测得到(如声音的波动特征),则通过特征来找出可能的情感状态。

可以是用整个 HMM 结构图描述的状态,进而来识别更大规模的情感行为。后者需要一系列的 HMM 结构图,每个 HMM 结构图对应一种情感行为,或是每个人对给定行为的不同特征用整个 HMM 状态图来表现一种情感,模型能抓住情感动态的一面。HMM 模型适合表现由几种情感组成的混合情感,就像忧郁可以由爱和悲伤组成;还适合表现由几种纯的情感状态基于时间的不断交替出现而成的混合情感,"爱恨交加"的HMM状态图就可能是在爱和恨两种之间的循环,可能还时不时在中性状态上停顿。

2.3.4 基于欧氏空间的情感建模方法

魏哲华提出了一种基于状态空间的情感模型,假设情感的转移过程是一个马尔可夫过程,确定情感的历史状态对情感转移概率的影响,提出了以概率的方法构造情感的转移矩阵和基于马尔可夫链封闭式情感模型。在每一种任何特定情况下的情感状态都位于情感空间中的某一点上,但是随着情感状态变迁和对外部信号感知的不同,用马尔可夫过程描述情感状态在情感空间内是怎样活动的,即情感状态是怎样由情感空间内的一点转移到另一点的。为刻画情感特征与情感状态,并给出了情感能量、情感强度和情感熵等概念。这是一种自闭合的情感计算的欧氏空间。

第3章 人脸表情识别

人脸表情识别(Facial Expression Recognition,FER)是利用模式识别的方法,对人脸所包含的表情信息进行提取和分析,按照人类的认知理解方式进行分类。更高层次的人脸表情识别将人类所具有的情感信息方面的先验知识作为模型输入计算机,使计算机具有联想、思考和推理的能力,继而使计算机和人类一样具有情感理解和表达的能力,这将从根本上打破人与计算机之间简单的指令交互模式,使计算机更好地为人类服务。

表情识别作为情感计算研究的重要内容,涉及心理学、生理学、认知科学、计算机视觉和模式识别等多个领域,是极具潜力的发展方向。本章详细阐述了表情的分类方法及现在表情识别领域内经典的算法和表情库,为探究微表情的识别方法打下基础。

3.1 人脸表情分类

1971年,心理学家Ekman与Friesen最早提出了六大基本表情的分类方式,即高兴、生气、恐惧、悲伤、惊奇和厌恶,由于其分类的合理性,目前,表情识别领域的研究者绝大多数都采用这种分类方法。在表3-1中具体分析了六大基本表情的面部特点。

表3-1 六大表情的面部特点

表情	额头、眉毛	眼睛	脸的下半部
惊奇	①眉毛抬起,变高变弯; ②眉毛下的皮肤被拉伸; ③皱纹可能横跨额头	①眼睛睁大,上眼皮抬高,下眼皮下落; ②眼白可能在瞳孔的上边和/或下边露出来	下颌下落,嘴张开,唇和齿分开, 但嘴部不紧张,也不拉伸
恐惧	①眉毛抬起并皱在一起; ②额头的皱纹只集中在中部,而不横跨整个额头	上眼睑抬起,下眼皮拉紧	嘴张,嘴唇或轻微紧张,向后拉; 或拉长,同时向后拉

续表

表情	额头、眉毛	眼睛	脸的下半部
厌恶	眉毛压低,并压低上眼脸	在下眼皮下部出现横纹,脸颊推动其向上	①上唇抬起;②下唇与上唇紧闭,推动上唇向上,嘴角下拉,唇轻微凸起;③鼻子皱起;④脸颊抬起
愤怒	①眉毛皱在一起,压低;②在眉宇间出现竖直皱纹	①下眼皮拉紧,抬起或不抬起;②上眼皮拉紧,眉毛压低;③眼睛瞪大,可能鼓起	①唇有两种基本的位置:紧闭,唇角拉直或向下,张开,仿佛要喊;②鼻孔可能张大
高兴	眉毛稍微下弯	①下眼脸下边可能有皱纹,可能鼓起,但并不紧张;②鱼尾纹从外眼角向外扩张	①唇角向后拉并抬高;②嘴可能会张大,牙齿可能露出;③皱纹从鼻子一直延伸到嘴角外部;④脸颊被抬起
悲伤	眉毛内角皱在一起,抬高,带动眉毛下的皮肤	眼内角的上眼皮抬高	①嘴角下拉;②嘴角可能颤抖

3.2 表情识别的步骤

从表情识别过程来看,人脸表情识别主要包括4个环节:①人脸图像的获取和预处理;②人脸检测与定位;③表情特征提取;④表情特征分类。人脸表情识别系统的框架图如图3-1所示。建立一个FER系统首先要从输入图像或序列中检测和定位出人脸;然后从人脸或人脸图像序列中提取能够表征表情信息的特征向量,为了避免在特征提取中出现维数灾难,常常需要特征降维、特征分解等进一步处理;最后分析得到的特征向量,根据先验知识,将输入的人脸表情分类到对应的类别,如基本情感类别或者AU的组合。

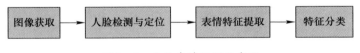

图3-1 人脸表情识别的步骤

3.3 人脸检测与定位

如前文所述,人脸检测在自动化人脸识别和表情识别中扮演着重要的角色,随着电子技术的应用和发展,人脸检测对于环境适应性和背景复杂度的要求越来越高,正是这一系列问题使得人脸检测技术已经发展成为一个独立的课题。目前,对于已经存在的人脸检测方法大致可归纳为以下几类。

3.3.1 基于统计的人脸检测

基于统计的人脸检测是将人脸图像看做一个高维向量,这样就将人脸检测问题转化为高维空间中分布信号的检测问题。

(1) 样本学习方法。通过对非人脸样本集和人脸样本集的学习产生分类器,将人脸检测转化为对待测目标识别人脸样本或者非人脸样本的模式识别问题,目前采用比较多的是人工神经网络方法。

(2) 子空间方法。将 K-L 变换引入人脸识别,利用到了特征脸空间的补空间(即次元子空间)。通过计算待测目标区域图像到特征脸补空间的投影能量,即将目标区域到补空间的距离当做人脸检测的统计量,如果该统计量越大,表明越像人脸,通过设定阈值即可进行分类。虽然这种方法操作起来比较简便,但是由于在分类时没用到反例的样本信息,所以对于一些和人脸相类似的物体分辨率较低。

(3) 模板法。以模板与图像间的相似程度为依据,通过相关性来实现人脸检测的方法。大多数模板匹配算法都是通过计算研究者设定好的一个固定人脸模型和待测模型之间的相似度,判断该相似度是否高于设定阈值来确定待测样本是否属于人脸模型来实现的。但是人脸有很强的灵活性,没有办法用一个简单的模板去描述所有的人脸,即不能有效描述尺度、形状和姿势的变化,所以研究者们提出应用多个人脸器官子模板(眼睛、嘴巴、鼻子模板)的人脸检测方法,同时针对单一模板缺乏灵活性的特点,提出了采用可变形弹性模板对人脸特征进行提取的方法,以参数化或自适应的曲线和曲面对脸部变化较大的区域特征进行建模,如鼻子嘴巴和眼睛等。但是可变性模板匹配由于只能由经验确定各种代价加权系数,另外,在最优化能量函数时,往往要消耗大量资源,所以难于用于实际。

3.3.2 基于知识建模的人脸检测方法

基于知识的方法也可以称为基于可视规则的方法,它是一类自顶向下的方法,利用人们对于人脸的外表特征的知识建立规则,再利用这些规则描述人脸的分布、纹理等,将人脸检测问题变为假设验证问题。

1. 几何特征

每个人虽然看起来长相各异,但是其五官分布却存在极为普遍的规律,如人脸五官的空间位置分布都大致符合"三庭五眼",并且人脸的轮廓都可以大致看成一个椭圆。这表明,虽然每个人脸各不相同,但是五官的大概位置却是一致的,因此,我们可以以此作为规则,对待测图像进行验证是否满足这些规则,达到人脸检测的目的。

Kanade 最早利用几何特征构建人脸检测系统。为进行人脸检测与定位,他首先对灰度图像进行边缘提取确定人脸大致区域,接着将灰度图像朝水平和竖直两方向投影。投影中,依据人脸不同器官具有的特殊峰谷特性,确定了脸的边缘和眼睛、鼻子、嘴及人脸发际线。Sirohey 在文章中提出一种从背景中分离人脸的方法,首先利用 Canny 滤波器对图像进行边缘检测,然后对所检测出的边缘进行分组和筛选,最终以椭圆对这些边缘进行拟合得到人脸的区域。

但是几何特征往往由于遮挡、位姿、噪声等原因被破坏;另一方面,由于光照不同的影响,在人脸上会出现不同的阴影,给边缘检测的效果带来很大的干扰,同时影响到人脸的几何特征。

2. 肤色特征

肤色作为人脸部最为显著的特征之一,自然而然地引起了研究者们的注意,也成为了检测人脸的一个关键信息。由于同一人种的面部肤色在颜色空间中的分布比较集中,所以我们可以用肤色信息在一定程度上区分人脸和绝大多数的背景。另有研究表明,尽管不同人肤色差异较大,但这种差异主要源于亮度而不是色度。

目前,比较常用的颜色空间有 RGB、YCrCb、HSV、CIE 等。Lee 等提出了复杂环境下运动中的人脸定位方法,将速度场分为不同的阈值,首先利用肤色特征将运动的人脸分割出来,再利用人脸内各个部位色调的不同来划分面部器官区域,如眼、眉毛、嘴等。Kapfer 等在 Lee 的基础上,利用对颜色和运动的检测,同时结合模板匹配来检测视频图像中的人脸,甚至可用在低比特率的可视电话编码中。他们先将输入图像分成不同颜色的块,以初步区分人脸和非人脸,再采用一定的几何特征从中搜寻出具有人脸形状特征的色块,最后结合肤色和几何特征作为区分依据,选择出人脸,如图 3-2 所示。

基于肤色的人脸检测算法具有如下优点。第一,速度快,普通背景下可以以采集速率实现

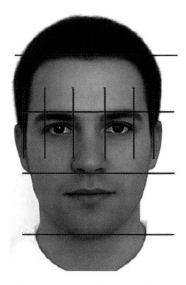

图 3-2 人脸几何规则示意图

人脸区域分割;第二,该算法以肤色为基准,并没有用到人脸的特殊结构,因此对头部方向及面部朝向的要求不大,不会对识别结果产生过多影响;第三,由于被检测者可以任意移动,所以在应用范围上更广,打破了实验室刻意检测的限制。同样,基于肤色的人脸检测也存在一定问题,由于光照强度和光源颜色的不同,产生的高亮和阴影等情况是对识别结果影响最为不利的因素,限制了算法的应用范围。

3.3.3 AdaBoost 机器学习算法

在机器学习过程中使用一个算法识别一组对象,如果识别率很高,那么,该方法是强可学习的;如果仅比随机分配略高,那么,这种算法是弱可学习的。

AdaBoost 算法是一种用来分类的方法,它的基本原理就是把一些比较弱的分类方法合在一起,组合出新的很强的分类方法。

Viola 提出的人脸检测方法是一种基于积分图、级联检测器和 AdaBoost 算法的方法,算法框架可以分为以下三大部分。

(1)使用 Harr – like 特征表示人脸,使用"积分图"实现特征数值的快速计算。

(2)使用 AdaBoost 算法挑选出最能代表人脸的矩形特征(弱分类器),按照加权投票的方式将弱分类器构造为一个强分类器。

(3)将训练得到的若干强分类器串联组成一个级联结构的层叠分类器,级联结构能有效地提高分类器的检测速度。

基于 AdaBoost 机器学习的人脸检测方法由于算法较为成熟、分类效果好,受到光照、背景、人脸差异的影响都比较小,成为目前应用最为广泛的人脸检测算法,OPENCV 库函数中也有直接的函数调用。本书用到的就是基于 AdaBoost 机器学习的人脸检测算法。

3.4 典型的人脸表情识别算法介绍

目前常用的表情识别算法基本上都是针对静态的灰度图像(彩色图像则转换为灰度图再做处理),提取其灰度频率特征或统计特征,然后再用设计好的分类算法实现人脸的表情识别。其中采用什么表情特征提取算法是关键,决定了表情识别效果的好坏,选择特征提取算法应该满足以下几点:首先提取到的特征要尽可能多地携带面部表情特征;其次算法应尽量简便,复杂度低;最后考虑算法的相对稳定性,即受光照等外界影响较小。本节重点介绍了几种常用的人脸表情特征提取算法,其中几何特征、PCA 和小波变换均属于静态图像特征提取算法,光流法属于动态图像特征提取算法。

3.4.1 基于几何特征的识别方法

采用几何特征进行特征提取主要是对人脸表情的显著特征,如眼睛、眉毛、嘴巴等的位置变化进行定位、测量,确定其大小、距离、形状及相互比例等特征,进行表情识别。

人的眼睛、眉毛、嘴唇等作为面部主要器官,其位置、形状的改变引出了千差万别的表情变化,所以在利用几何特征对人脸表情进行识别时,一般选取这些重要器官的形状和相对位置关系作为识别依据。Lanitis 通过选取多个脸部特征点构成序列,在训练图像中筛选出各类表情,建立参数分布,包含了不同表情对应特征点的几何形状和相对位置,再以此对待测人脸图像的全局参数进行计算,达到了人脸表情识别的目的。Ammar 利用人脸各器官间的欧氏距离及其本身的尺寸变化进行描述,利用一系列欧氏距离特征向量 D_1、D_2、D_3、D_4、D_5、D_6 构造一个树形分类器实现了对基本表情的判别,其中各个特征向量的定义如图 3-3 所示,在一定限制条件下对正面基本表情的识别取得了较好的效果。

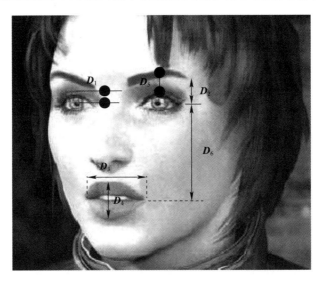

图 3-3 特征向量 D_i 的定义

采用几何特征进行特征提取的方法是使用有限个特征点来代表整个人脸图像,虽然极大地减少了特征数据量,计算操作也非常简便,但是同时也丢失了很多重要表情信息,不利于表情的分类识别。这也是为什么采用几何特征方法的识别效果并不是很理想的原因,因此,对于识别率要求较高的系统一般都不采用这种方法。

3.4.2 主成分分析方法

主成分分析(PCA)是基于整体统计特征方法中最常用的一种算法。整体统计特征方法强调尽可能多地保留原始人脸表情图像中的信息,并允许分类器发现表情图像中相关特征,通过对整幅人脸表情图像进行变换,获取图像的特征向量用于接下来的分类过程。

PCA 是基于 K-L 正交变换的方法,为了寻找一个说明数据变换方向的正交维数空间,它将一组高维训练图像样本进行 K-L 正交变换,生成一组新的正交基,消除了原有高维向量间的相关性,然后提取该正交基中具有较大特征值的特征向量构成了低维的表情特征空间,同时保证了原有特征的主要成分分量。由于可以采用同一表情的多幅不同条件下的图像进行训练,所以也在一定程度上消除了光照或者人为因素的影响,简化了计算而不会影响识别率。

设训练样本集中每一幅图像都对应一个高维向量,则该训练样本可表示为 $S = \{x_1, x_2, \cdots, x_N\}$,$x_k$ 表示第 $k(1 \leq k \leq N)$ 幅表情图像向量。N 为训练样本的个数,则训练样本集的总体协方差矩阵为

$$C = \frac{1}{N} \sum_{i=1}^{N} (x_i - \bar{x})(x_i - \bar{x})^T \tag{3-1}$$

式中:$\bar{x}$ 为训练图像集的均值。对该协方差矩阵对角化获得特征值 λ_i 和对应的特征向量 u_i,则这些特征向量组成一个标准正交基,将原图像向这个正交基投影可使得各个分量线性无关。对特征值从大到小排序,按下式定义排序后的方差贡献率:

$$r(M) = \sum_{i=1}^{M} \lambda_i / \sum_{i=1}^{N} \lambda_i \tag{3-2}$$

由此可以求出前 M 个主成分分量,使方差贡献率大于某个阈值 ξ,ξ 为变换后子空间占原高维空间的比率,即保留了原空间的信息量,通常取值 0.8。前 M 个特征值对应的特征向量构成 M 维子空间:$A = \{u_1, u_2, \cdots, u_M\}$,其维数远小于原训练集的维数。这样便可以利用变换矩阵 A,将原图像投影到特征子空间。PCA 方法最大的优势就是它在对高维特征向量降维的过程中还能保证原图像的有效信息不致丢失。

此外,在 PCA 方法基础上有很多改进算法,如基于聚类鉴别分析方法(CDA)和独立成分分析方法(ICA)。Beak 等通过对 PCA 和 ICA 进行了详细的对比之后发现,在特定的判别距离情况下,PCA 的效果要强于独立成分分析

方法。

3.4.3 小波变换

在时频域的分析中,采用有限宽度的基函数进行平移和伸缩变换,能够生出一组函数,这个基函数称为母小波,由母小波能够得到相应的小波族。小波变换是对傅里叶变换的重大突破,为信号分析、图像处理等研究领域带来了革命性的影响,其中又以 Gabor 小波滤波器的应用最为广泛,它是由二维高斯函数衍生得到的复频域正弦函数,Gabor 变换有 3 个重要性质:一是有较强的频率选择性和时域定位性;二是变换结果能可视地表达人脸区域信息;三是 Gabor 滤波器相当于一组方向、基频带宽、中心频率均可调的带通滤波器。

小波变换能够通过定义不同的核频率、带宽和方向对图像进行多分辨率分析,能有效提取不同方向、不同细节程度的图像特征且相对稳定,但作为低层次的特征,不易直接用于匹配和识别,常与 NNA 或 SVM 分类器结合使用,提高表情识别的准确率。

Donato 通过比较几种方法识别脸部 AU 的性能,得出 Gabor 小波结合 ICA 要优于其他的方法。Wen 在一系列人工标定的局部区域提取 Gabor 小波系数作为图像的纹理特征,同时对纹理提取区域引入了在人脸合成中常用的基于比例图的方法进行预处理,降低了光照变化和人脸差异引起的人脸反照度不均对识别率的影响。

Gabor 滤波器虽然最大程度保留了二维图像空间相关性信息,如尺度和方向信息,但是也带来了数据冗余度高的缺点,使计算变得复杂。作为改进,现在常将 PCA 算法用于 Gabor 滤波后的特征向量,生成二维图像网格中顶点的特征向量用来替代原来的高维图像特征向量,而不影响识别率,如图 3-4 所示。

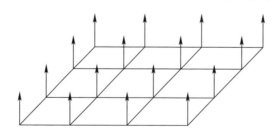

图 3-4 Gabor 向量图采用 PCA 降维示意图

3.4.4 基于光流的方法

光流(Optical Flow)是指亮度模式引起的表观运动,是景物中可见点的三维速度向量在成像平面上的投影,它表示景物表面上的点在图像中位置的瞬时变化,同时,光流场携带了有关运动和结构的丰富信息。由于其反映了帧间运动的重要信息,在动态分析表情中得到了广泛的应用。

光流模型是处理运动图像的有效方法,其基本思想是将运动图像函数 $f(x,y,t)$ 作为基本函数,根据图像强度守恒原理建立光流约束方程,通过求解约束方程,计算运动参数。

光流法在国外起步较早,最早由 Mase 和 Pentland 引入表情识别,他们使用基于区域的光流模型,成功提取到了面部表情的运动,并应用 K 近邻规则(K - nearest Neighbor Rule)判断表情分类。我国的金辉等在分析人脸面部几何结构的基础上,提取不同的面部表情特征区域,通过光流法估算出这些区域的运动场,进而计算特征流向量,将一个运动表情序列表征为一组运动向量的组合,成功地对表情运动进行分析。

当前对于光流法的研究主要有两个方向:一是研究在固有硬件平台基础上实现现有算法;二是研究新的算法。然而,由于图像序列目标的特性、场景中照明、光源的变化、运动的速度以及噪声的影响等多种因素都影响着光流算法的有效性,所以基于序列图像实现对光流场的可靠、快速、精确以及鲁棒性的估计研究成为了现在光流法研究的主要方向。

3.5 常用的人脸表情数据库

由于表情识别研究的起步比人脸识别要晚,目前被公认使用的表情库也比较少,而且不像一些人脸识别表情库那样具有大量的各种位姿、光照、遮挡的图像样本。从目前使用比较广泛的表情库来看,不同表情库对于表情的定义存在差距,每种表情库包括的表情种类不尽相同,所以表情库至今也没有一个统一的标准。因此,现在表情识别界急需构建一个公开的、含有大量图像样本的、具有统一定义标准的人脸表情数据库。

目前常用的表情数据库包括以下几种。

(1)美国卡内基梅隆大学心理系和机器人研究所建立的 C - K 表情数据库,该数据是部分公开的,公开部分包括了 100 位 18~30 周岁的大学生。其中 65% 是女性,15% 是美籍黑人,还有 3% 是亚洲人或者拉丁美洲人。每个受试者被要求作出 23 种面部表情,其中可能包含单个 AU 动作,也可能包含多个 AU 的组合动作。

(2)日本 ATR 人类信息处理研究实验室联合日本九州大学心理系建立的 JAFFE 人脸表情数据库,其中包含了 10 名日本女性的 213 幅表情图像,每人有 7

个表情,即中性、高兴、恐惧、悲伤、厌恶、害怕和惊奇。每种表情图像有 3~4 幅。C-K 和 JAFFE 表情数据库的部分图像如图 3-5 所示。

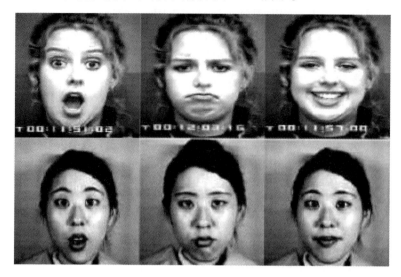

图 3-5　C-K 和 JAFFE 的部分图像

（3）Yale 数据库。该数据库包括了 15 名被测者的 165 幅灰度 GIF 格式人脸图像样本,每个人拍摄 11 张图像,这 11 张图像包括平静表情、高兴、悲伤、困倦、惊讶、眨眼、戴眼镜、不戴眼镜、中间高光、左侧高光、右侧高光情况。Yale 数据库的样本如图 3-6 所示。

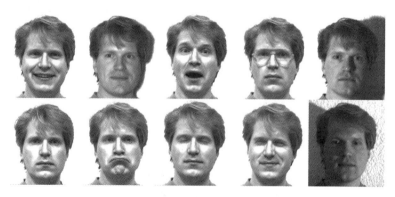

图 3-6　Yale 数据库部分人脸图像样本

第4章 视觉关注与表情中的情绪认知

由于人类之间的沟通与交流是自然而富有情感的,因此,在人机交互的过程中,人们也很自然地期望计算机具有认知情感能力。认知情感计算(Cognitive Affective Computing)就是要赋予计算机类似于人一样的观察、理解和生成各种情绪状态的能力,最终使计算机像人一样能进行自然、亲切和生动地交互。

4.1 认知模型

及时准确地认知对方的意愿、态度和情绪是开展人际交往活动的前提,情感表达的过程由7%的语言、38%的声音以及55%的面部表情组成,因此,正确地分析、判断面部表情成为后续交互的关键。作为一种抽象的组织化概念,认知模型可以被定义为源自观察的推论。图4-1描述出包含人类记忆和存储过程的简化认知模型,对于人类表情的认知过程亦是如此。

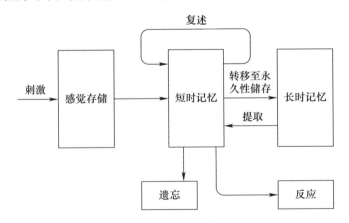

图4-1 认知模型

Simon 和 Newell 的研究表明,计算机不仅可以模拟人类思维的某个有限方面,还可以在此基础上建立联系形成基于人类思维方式的模型,计算机模拟人类认知便是其中一个实例。本章从信息加工及视觉感知领域所取得的成熟理论出发,介绍了视觉认知的两个基本模型——选择性关注模型和视觉特征整合模型,从而提取出人类视觉感知系统的结构特征,针对视觉转移过程,建立起基于马尔可夫链-熵的关注度测量模型。在此基础上,阐述了基于表情及微表情的情绪认知算法并对其实验结果进行分析。

4.2 计算式认知方法

4.2.1 信息加工理论

Neisser 认为,认知是通过不同器官的共同合作实现的,在他的著作《认知心理学》(*Cognitive Psychology*)中指出,认知是感觉输入的变换、减少、解释、储存、恢复和使用的过程总和。此外,Steve Pinker 在著作《心灵怎样工作》(*How the Mind Works*)中提出心灵是由具有计算功能的器官所组成的一个系统,用于理解和解决主观与客观世界中的一切事物与问题。计算式认知这一概念就是在此基础上建立的,即心灵是认知计算机的所作所为,可以用机器对信息的加工来模拟。图 4-2 是计算式认知的信息加工过程。

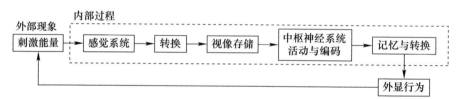

图 4-2 计算式认知的信息加工过程

在此加工过程中,信息成为交互者沟通的桥梁,并且认知的过程始于对外界信息的度量。Shannon 和 Weiner 提出的信息度量方法指出,对于等概率事件,N 个等概率事件之一实现的信号所传递的信息量 $H = \log_2 N$,信息的单位是二进制单位——比特(bit),1bit 信息量可以使情景不确定性减少 1/2;对于非等概率事件,其平均信息量 $H = \log_2 N$。

人类的信息加工能力方面具有以下特点:信息传递速率在 3~10s 范围内;人类只能对众多外界刺激中的极少部分进行处理;在获得外界刺激信息后,人类通过注意选择机制将冗余信息及次要信息去除;短时记忆能够加工的信息有限。根据人类的信息加工特点,Hick-Hyman 定律总结出反应时与信息量之间的关系:

$$RT = a + bH_s \qquad (4-1)$$

式中:RT 是反应时;H_s 是信息量;a、b 是经验常数。

此外,人类的信息加工过程具有明显的层次性。神经层次是具体的物质层次,即脑结构层,是信息加工的物质基础;认知层次以抽象的方式描述神经事件,并使之在经验与意识中存在。心理层次是经验性与意识性的体现之处,是认知加工的最高层次。神经-认知-心理3个层次相互联系,共同完成人类对于输入信息的加工。根据人类信息加工的层次特性,可以构建出机器的信息加工结构,如图4-3所示。

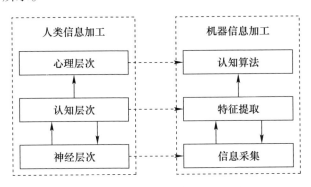

图4-3 人与机器的信息加工结构类比

4.2.2 视觉感知理论

心理学研究表明,在沟通的过程中大约55%的信息来源于视觉,视觉感知(Visual Perception)是人类认识外部世界的重要途径。由于视觉选择注意机制是灵长类动物处理视觉信息的本质特征,因此,在日常生活中,人类只是有选择性地关注到部分可利用的线索。视觉关注模型(Visual Attention Model)就是在此基础上衍生出的一种生物启发式方法:利用生物视觉选择注意机制计算图像中最显著的部分,并将其表示为一幅灰度图,即显著图,然后根据注意焦点得到感兴趣区域。如果仅从图像的底层特征(包括颜色、形状、方向等)分析得到显著图,则有可能忽略了人类的主观关注能力,从而无法有效得到认知层面的知识,使该视觉注意模型不具有人类的主观思考过程,无法有效地体现出测试者的主观认知过程,造成了主观认知缺失的关注偏差问题。

因此,视觉关注模型正朝着契合人类视觉认知理论、模拟人眼观察过程的方向发展,其研究方向主要分为自底向上的注意机制和自顶向下的注意机制。自底向上的注意机制体现了图像的内容,具有较强的客观性,但从底层特征(如统计特征、结构特征等)获取高层语义较难,用户满意率低,用户对图像的理解或查询意图,无法用图像处理算法提取的特征来完全表达。自顶向下的注意机制更加注重在感兴趣区域内的图像信息处理,力求消除图像冗余信息,突出图像主要内容,从而弥补机械性图像处理的认知缺失问题,此类基于认知的视觉感知过程如图 4-4 所示。

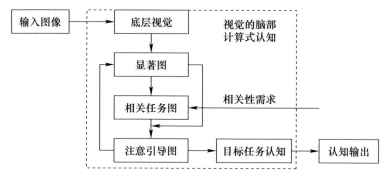

图 4-4 基于认知的视觉感知过程

4.2.3 选择性关注模型

众多心理实验从理论上表明人类对信息的加工是具有选择性的,影响信息选择的因素包括刺激的物理特性、刺激物之间的意义联系、刺激与个体的关系以及个体的经验知识等。在此基础上,认知心理学家们提出了一系列理论模型,瓶颈理论模型是其典型代表。该理论模型认为,在信息加工的某个阶段或某个地方存在着一种称为瓶颈的装置,它可以对输入的信息进行有效选择,从而完成注意的信息选择与过滤功能。

1. 过滤器模型

在瓶颈理论(即信息加工系统在某一时刻只能选择多种输入信息中的一种,而选择的因素与这些信息的物理特性相关)的基础上,Broadbent 提出了首个完整的关注模型——过滤器模型(Filter Model)。该模型认为神经系统的信息加工容量是受限的,当信息通过大量平行的通道进入神经系统时,其总量就会超过直觉分析的高级中枢的容量而产生溢出,所以需要一种过滤机制过滤掉多余信息,并将剩余有效信息直接传送到高级加工中枢。

在过滤器模型中(图 4-5),对外部信息的感知过程可以通过若干并行的感觉通道来完成,并且感知的信息量远大于信道的处理量,一个信号只有被关注到并传递到容量有限的通道中才会被进一步加工,而决定是否被关注的选择性过滤器可以切换到任何一个感觉通道。

2. 衰减器模型

Moray 经过实验发现,当人们从非关注通道中接收到某些有重要意义的信号时,即使这些信号被经过滤器衰减到很弱,仍能激活心理词典中的某些阈值较低的单元,并使人们意识到。由此可以看出,过滤器模型虽然可以模仿人类的选

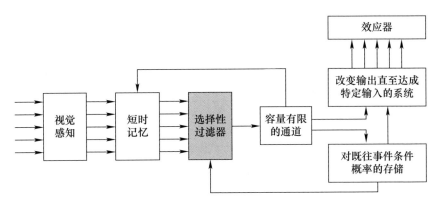

图4-5 选择性关注的过滤器模型

择性关注特征,但却忽略了人类从非关注通道内探测敏感信息的能力。针对这一问题,Treisman 对过滤器模型加以改进,提出了注意的衰减器模型(Attenuation Model)。该模型大体继承了过滤器模型的构架,同时认为信息通过过滤器之后,未衰减的信息和经过衰减的信息都将输送到高级神经中枢系统,除非被衰减到一定强度的信息不能激活高层次的知觉单元则不能被识别(根据心理学研究,不同语义的兴奋阈不同,输入的刺激必须超过阈限的强度才能被意识到)。

衰减模型强调多层的分析与检验,"瓶颈"的位置和作用较为灵活,能够解释不被注意的通道也能通过某些信息的现象。衰减模型不仅能够解释注意的选择机制,也说明了情绪在视觉注意中的识别机制,因此,不仅能够解释更广泛的实验结果,也能更好地预测人的注意选择过程。

4.2.4 视觉特征转移模型

Treisman 提出的视觉特征整合理论将知觉对象分解为特征(Feature)和客体(Object)两个部分,其中特征是图像在各维度上的属性值(包括空间特征与非空间特征),客体则由特征组合而成。人类获得特征信息后,在主客观因素的共同作用下对其进行抑制或激活,最终处于高激活水平的特征信息将被选择,从而得到关注。因此,视觉整合模型可以分为前期注意阶段和后期特征整合阶段,如图4-6所示。

前期注意阶段是一个平行的、自动的加工过程,视觉系统从外界图像刺激中自主抽取,如颜色、方向、大小、距离、曲率、运动趋势等独立的初级视觉特征,并以独立编码的形式对其产生心理映射,继而形成特征地图(Feature Map)。在此阶段,各类初级视觉特征被以并行的方式抽取出来,处于自由漂浮状态,不受所

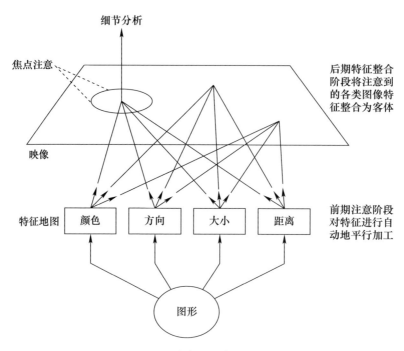

图 4-6 视觉感知与特征整合模型

属客体及主观思维的约束,也不会因为特征的增加而彼此干扰。

后期特征整合阶段主要采取串行的工作方式,认知系统将相互独立的特征信息联系起来,确定特征的位置,继而形成位置地图(Map of Locations),形成对某一客体的表征。在此阶段,特征地图被整合为映像,然后焦点注意从中抽取信息,以便对位置地图中选定区域的特征进行详细分析。

4.2.5 视觉转移过程中的关注度建模

根据 4.2.1 节阐述的信息加工理论及 4.2.2 节与 4.2.3 节所描述的视觉感知和选择性关注特性,定义所观察图像中各显著区域间变换的转移熵 H 为

$$H(R) = -\sum_{r_i \in R} p(r_i) \lg p(r_i) \tag{4-2}$$

式中:R 为所有显著区域的集合;$p(r_i)$ 为关注区域 r_i 的概率,$r_i \in R$。

在式(4-2)中相同路径间的正反向转移熵值是相同的,所以没有体现出显著区域间注意点转移过程的方向性。为了确切地体现出交互者的视觉转移过程,我们将熵的概念与随机过程相联系,描述视觉注意在不同显著区域间的非结构化转移过程。

首先,计算各显著区域间的转移频数矩阵。将研究区域序列划分为具有代表性的关注状态,称为系统状态 n。计算出关注状态的转移频数矩阵 $\boldsymbol{M} = [M_{ij}]$,即

$$\boldsymbol{M} = \begin{bmatrix} M_{11} & M_{12} & \cdots & M_{1n} \\ M_{21} & M_{22} & \cdots & M_{2n} \\ \vdots & \vdots & & \vdots \\ M_{n1} & M_{n2} & \cdots & M_{nn} \end{bmatrix} \quad (4-3)$$

式中:M_{ij} 为状态 i 转移到状态 j 的频数;统一不计关注状态的自转移,所以 $M_{ii} = 0$;并将状态 i 转移向所有状态、所有状态转移向状态 j 以及总转移的频数分别记为

$$S_i = \sum_{j=1}^{n} M_{ij} \quad (4-4)$$

$$T_j = \sum_{i=1}^{n} M_{ij} \quad (4-5)$$

$$N = \sum_{i=1}^{n} \sum_{j=1}^{n} M_{ij} \quad (4-6)$$

其次,计算转移概率矩阵。若显著区域序列由 n 种关注状态构成,则状态 i 转移到状态 j 的正向转移概率矩阵与反向转移概率矩阵分别为

$$\boldsymbol{P} = [M_{ij}/S_i] = \begin{bmatrix} 0 & p_{12} & \cdots & p_{1n} \\ p_{21} & 0 & \cdots & p_{2n} \\ \vdots & \vdots & & \vdots \\ p_{n1} & p_{n2} & \cdots & 0 \end{bmatrix} \quad (4-7)$$

$$\boldsymbol{Q} = [M_{ij}/T_j] = \begin{bmatrix} 0 & q_{12} & \cdots & q_{1n} \\ q_{21} & 0 & \cdots & q_{2n} \\ \vdots & \vdots & & \vdots \\ q_{n1} & q_{n2} & \cdots & 0 \end{bmatrix} \quad (4-8)$$

最后,将正向转移概率与反向转移概率分别代入式(4-2),可以得到状态 i 变化的后熵 H_i^{post} 及前熵 H_i^{pre},其数学表达式分别为

$$H_i^{\text{post}} = -\sum_{j=1}^{n} p_{ij} \lg p_{ij} \quad (4-9)$$

$$H_i^{\text{pre}} = -\sum_{j=1}^{n} q_{ij} \lg q_{ij} \qquad (4-10)$$

后熵 H_i^{post} 和前熵 H_i^{pre} 分别表示关注状态 i 出现之后和出现之前的关注转移变化规律。若 $H_i^{\text{post}} > H_i^{\text{pre}}$，则说明状态 i 对后继状态产生影响；若 $H_i^{\text{post}} < H_i^{\text{pre}}$，则说明状态 i 对居前状态具有依赖性。通过以上算法所得的熵随着状态数的增加而增加，因此，当状态数较多时，对于判定的影响较大。为解决此问题，可将式(4-9)与式(4-10)所得熵正规化：

$$H' = \frac{H}{H_{\max}} \qquad (4-11)$$

式中：H' 为正规化熵；H 为前熵和后熵；$H_{\max} = -\lg[1/(n-1)]$ 表示 n 中状态系统中的最大熵。

4.3 基于表情的情绪认知

4.3.1 面部特征区域的划分

面部动作编码系统(FACS)将人脸面部肌肉划分为 46 个运动单元(Action Unit, AU)(表 4-1)，这里以此为依据将发生面部表情时最明显且便于分析的几个区域，如眼睛、眉毛、嘴，作为特征区域，忽略不具有代表性的面部肌肉区域。这样不仅可以大大减少计算量，提高运算速度，而且可以将复杂的任务分割成多个子区域的组合任务，从而模仿人类视觉认知的特征整合过程。

表 4-1 面部动作编码系统的运动单元

AU编号	FACS名称	肌肉基础	AU编号	FACS名称	肌肉基础
1	眉内侧上扬	额肌、内侧额肌	10	上唇上提	提上唇肌、眶轮匝肌
2	眉外侧上扬	额肌、外侧额肌	11	鼻唇沟加深	颧肌微调
3	—	—	12	嘴角拉伸	颧肌调整
4	眉毛下降	降眉间肌肉、皱眉肌	13	脸颊吹起	尖牙肌
5	上眼睑上挑	上睑提肌	14	酒窝	颊肌
6	面颊上扬	眼轮匝肌、外侧额肌	15	嘴角下压	口三角肌
7	眼睑紧闭	眼轮匝肌、内侧额肌	16	下唇下压	降下唇肌
8	嘴唇朝对方	口轮匝肌	17	抬下巴	颏肌
9	皱鼻子	提上唇肌、鼻肌	18	唇皱起	上唇方肌、下唇方肌

续表

AU 编号	FACS 名称	肌肉基础	AU 编号	FACS 名称	肌肉基础
19	伸舌头	—	33	轻吹	—
20	唇拉伸	笑肌	34	鼓脸颊吹起	—
21	缩脖子		35	嘬腮	
22	唇汇集	口轮匝肌	36	卷舌	—
23	唇紧闭	口轮匝肌	37	抿嘴	
24	抿嘴唇	口轮匝肌	38	鼻孔扩张	鼻肌、鼻肌翼部
25	两唇分开	口轮匝肌、降下唇肌	39	鼻孔缩小	鼻肌、鼻肌横部、降鼻中膈肌
26	下巴下降	颞骨肌、翼内肌	40		—
27	撅嘴	翼状肌、二腹肌	41	眼睑下垂	睑提肌
28	嘴唇吸	口轮匝肌	42	眼微张	眼轮匝肌
29	下颌前探	—	43	闭眼	睑提肌
30	下颌侧移	—	44	斜视	眼轮匝肌、眼轮匝肌睑部
31	下颌紧咬		45	眨眼-闭眼	睑提肌、眼轮匝肌、眼轮匝肌睑部
32	咬嘴唇	—	46	眨眼-睁眼	睑提肌、眼轮匝肌、眼轮匝肌睑部

为了确保在识别过程中每个区域有自己独特的运动特征,并且提取到的表情特征比较单一,这里在输入视频流的首帧图像(图4-7(a))上人工标定13个特征点,如图4-7(b)所示。因为眼睛的尺寸在人脸上有很重要的比例关系,所以以每个特征点或特征点的连接线为中心,以眼睛区域尺寸为大小,将人脸划分为9个特征区域,如图4-7(c)所示。表4-2列出了以上9个特征区域的名

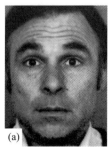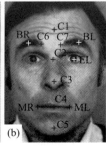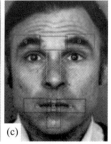

图4-7 面部特征区域的划分

称、包含的主要 AU 和大小,每个特征区域尽可能只包含 1~2 个特征点。由于在发生表情动作时鼻尖与额头的变化非常微小,因此,将 C1、C2、C3 划分在同一个特征区域用于判断人脸与摄像头的相对位置是否发生偏移。

表 4-2 特征区域信息

编号	名称	中心特征点	包含主要 AU	大小（高度:宽度）
1	左眉	BL	AU1,4	1:2
2	右眉	BR	AU1,4	1:2
3	左眼	EL	AU5,7	1:2
4	右眼	ER	AU5,7	1:2
5	左嘴角	ML	AU12,13,27	1:2
6	右嘴角	MR	AU12,13,27	1:2
7	下巴	C4,C5	AU17,26	2:1
8	眉心	C6,C7	AU1	1:2
9	鼻尖额头	C1,C2,C3	AU2,9,10	4:1

在面部特征区域划分完成后,针对每个特征区域引入时间轴 t,整个视频流即被面部特征区域划分成了多个特征立方体。该立方体也可以看成是对一段视频中各面部器官的不规则分割。图 4-8 所示是根据右眼区域构建的面部特征区域立方体。

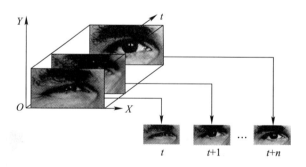

图 4-8 右眼区域的面部特征立方体

4.3.2 表情特征提取

方向梯度直方图(Histogram of Oriented Gradient, HOG)描述子是在一个网格密集且大小统一的细胞单元中,计算局部图像梯度信息的统计值,主要应用于计算机视觉和图像处理领域。该方法由 Dalal 和 Triggs 首次提出,并经过算法拓展延伸到视频流中帧的 HOG 特征计算与分析中,大幅提高了视频流中人体形变描述的准确性和鲁棒性。在此基础上,这里采用多尺度矩形 HOG(Rectangular - HOG,R - HOG)描述子,对视频帧进行不重合的扫描区域划分,减少了特征扫描所需的时间,提高了表情识别的实时性。

在 R - HOG 描述子计算的过程中,首先将图像扫描窗口分割成密集统一的网格点,以每个网格点为中心,将周围的 $\varsigma\eta \times \varsigma\eta$ 个像素点划分为扫描单元。其中,每个区域(Block)包含 $\varsigma \times \varsigma$ 个单元(Cell),每个单元又包括 $\eta \times \eta$ 个像素点(Pixels),每个单元也包含 β 个方向角度(Orientation Bins),其中 ς、η、β 均为待定参数,可根据具体实验情况选取不同值。图 4-9 为这里所使用的矩形方向梯度直方图描述子划分区域的示意图,其中每个区域(Block)中含有 2×2 个单元,每个单元中包含 8×8 个像素点。每个单元的中心点可形成局部方向梯度直方图,相互叠加最终形成整个扫描窗口的直方图序列。

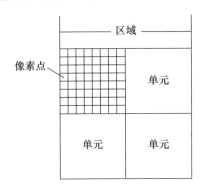

图 4-9　2×2 的 R - HOG 描述子划分示意图

4.3.3　表情情绪的分类与映射

面部表情是人类情感交流的重要载体,因此,辨别摄像头输入的人脸图像中带有何种情感状态是面部表情识别工作的重要组成部分。目前,绝大多数的研究是依据表情特征将其划分为若干情感类,在此类研究中,面部表情分类的过程就是将输入表情图像纳入某一特定表情类别的过程,这与人类灵活的面部表达和表情认知机制相差甚远。在实际交流过程中,基于多种基本表情的混合表情不可避免,惊恐的表情便同时具备惊讶和恐惧两种表情的特征。由此可知,机械地把混合表情归为某一基本类别并不严谨。就人类敏锐的感知能力而言,将表情情绪映射到连续情感空间中更加符合表情认知的实际情况。

因此,我们可以将有限情绪状态扩展到连续空间中去,故而由情绪引发的表情也处于连续空间之中,这种连续性可以使机器人的情感认知及面部表达能力得到极大地提高。在连续的情感空间中,可以分析和表达包含多种情感成分且表现程度不同的表情,不同情绪状态与表现程度的混合就可以反映出不同的心理状态。在空间中,人类的情绪状态呈现出连续的变化过程,而表情的表达过程却具有一定的离散性,在情感空间中表情往往聚集在几种基本情绪状态的周围,这是由于某些对立情绪状态不会同时发生,所以此种类型的混合表情也几乎不可能同时发生。

图 4-10(a)为表情空间的示意图,表情—情绪的映射方法如下。

(1)将表情空间定义在一个连续的多维空间中(由表情特征的维数决定),空间中的每个点代表一种表情。

(2)在此空间中以高兴、平静、悲伤、厌恶、恐惧、惊讶、愤怒 7 种基本表情为中心点,空间中的表情中心点分别拥有自身的作用区域,形成每种基本表情的"势力范围",如图 4-10(b)所示,距离超过阈值则视为与此基本情绪无关。

(3)所输入表情与基本表情的相似程度可以通过输入表情点到基本表情中心点的距离来量度,距离与输入表情中所包含的该种基本表情的成分成正比。

(4)若输入表情点与多个基本点具有相似的距离值,则该表情以相似程度包含多种基本表情成分,定义此表情为这些基本表情间的过渡表情。

(5)相距较远的基本表情,由于超越了势力范围的距离阈值,因此,几乎不可能同时出现。

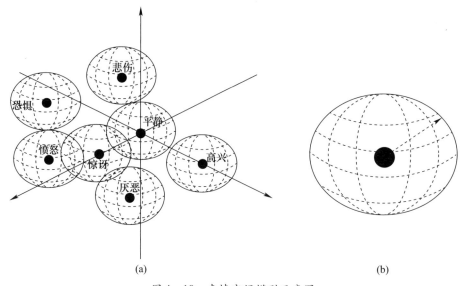

图 4-10 表情空间模型示意图
(a)表情空间;(b)基本表情的势力范围。

设表情空间中基本表情 Ex 的中心点为 Exc,表情空间中某表情点 e 处的基本表情的"势"表示为

$$K(e,Ex) = \frac{1}{1 + \alpha \parallel e - Exc \parallel^2} \quad (4-12)$$

式中:$\parallel \bullet \parallel^2$ 为输入表情与基本表情的距离范数;α 为基本表情的空间分布,并用于控制空间中基本表情势的衰减。

空间中,输入表情点 e 的表情势被定义为

$$\boldsymbol{K}(e) = [K(e,Ex_1), K(e,Ex_2), \cdots, K(e,Ex_i), \cdots, K(e,Ex_n)] \quad (4-13)$$

式中:Ex_i 为基本表情 i;$\boldsymbol{K}(e)$ 为由各基本表情势所组成的向量,用于表示输入表情 e 中所包含各基本表情的成分。

通过 5 尺度、8 方向的 Gabor 小波变换方法对面部表情图像中所包含的 13 个特征点进行分析,得到 520 个小波系数 G。将以上所得 Gabor 小波系数开展如下训练可对表情特征空间进行有效降维。

输入的表情图像经过 Gabor 小波滤波处理后可得到相应 Gabor 小波系数,形成表情特征向量,并采用主成分分析法对以上表情特征数据进行训练。表情图像中任意点 p 的 5 尺度、8 方向 Gabor 小波系数向量为 f_p,将表 4-2 中列出的 13 个表情图像特征中心点分别进行 Gabor 小波滤波,可得到列向量 $\boldsymbol{G} = [f_{p1}, f_{p2}, \cdots, f_{p13}]^T$,并以此作为训练样本。第 i 个样本的小波特征向量为 $\boldsymbol{G}_i$,共有 m 个样本,则有矩阵 $\boldsymbol{A} = (a_1, a_2, \cdots, a_m)$,其中 $a_i = G_i - \bar{G}$,$\bar{G} = \frac{1}{m}\sum_{i=1}^{m} G_i$,从而可得协方差矩阵 $\boldsymbol{C} = \frac{1}{m}\boldsymbol{A}^T\boldsymbol{A}$ 的特征值为 $\delta_1, \delta_2, \cdots$,特征向量为 $\boldsymbol{g}_1, \boldsymbol{g}_2, \cdots$。基向量矩阵 $\boldsymbol{X} = (X_1, X_2, \cdots, X_r)$ 由不多于 r 个特征值($\delta_{X1}^2 \geq \delta_{X2}^2 \geq \cdots \geq \delta_{Xr}^2$)所对应的特征向量组成,下式将每一个样本向量 $\boldsymbol{G}$ 映射到特征子空间 B 中:

$$B = \boldsymbol{X}^T\boldsymbol{G} \quad (4-14)$$

首先,通过 Gabor 变换计算被测图像的 Gabor 小波系数向量;然后,由式(4-14)将其映射到对应子空间 B 中;最后,计算与训练图像库中最相似的表情图像,便可得到其对应的基本表情。选择其中最大的 10 个特征值所对应的特征向量作为基向量 $\boldsymbol{x}$,方可得到每幅图像对应的系数 $\boldsymbol{b}$,因此,系数 $\boldsymbol{b}$ 可以表征空间中任意表情点 e。表情图像库中各基本表情(即表情中心点)Ex 的系数 $\boldsymbol{b}Exc_i$ 可由 PCA 训练得到,与以上计算方法类似,可得到测试表情图像的对应系数 $\boldsymbol{b}e$,从而有

$$K(e,Ex_i) = \frac{1}{1 + \alpha \parallel be - \boldsymbol{b}Exc_i \parallel^2} \quad (4-15)$$

将式(4-15)的计算结果代入式(4-13)中可以得到测试表情图像的"表情势",从而输入的测试表情图像可以通过各基本表情势表示,表情势的分量表现出各基本表情对该输入表情的影响。可以通过输入测试表情图像的表情势得到该表情中包含各基本表情的比例,进而可以判定该表情所包含的情绪状态类型和比例。

4.3.4 实验及结果分析

针对以上提出的面部特征区域划分与特征提取方法,将基于表情势的表情-情绪映射模型进行 PCA 训练,训练样本库采用日本 ATR(Advanced Telecommunication Research Institute International)用于表情识别研究的基本表情数据库 JAFFE,如图 4-11 所示。训练数据库中共有 10 人,每人有 7 种基本情绪类型的图片各 1 张,共 70 张训练图片。

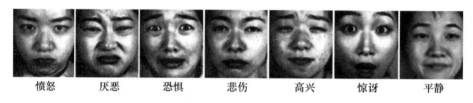

图 4-11 JAFFE 标准情绪库中的基本表情情绪

本实验首先以任意抓拍的表情图片作为输入,采用 Gabor 小波特征提取,通过基于 PCA 的表情识别算法对其进行情绪分类,分类结果如图 4-12 所示。与 JAFFE 的典型情绪状态相比可以发现,该输入表情图片与标准表情存在一定差异。将相同表情图片输入到这里所设计的基于情绪势的表情—情绪映射系统中进行对比分析,可得表 4-3 所列的权重分析结果。从分析结果可以看出,该输入表情中,确实具有权重较大的与之相对应的基本表情情绪,同时,也具备部分其他类型的基本情绪。由此可见,本算法可针对标准情绪与输入情绪间存在的差异进行分析,更为全面地概括了非典型表情图片中所蕴含的多种情绪状态。该方法不仅能普适性地用于一般表情的情绪分析中,也为后续连续可控的情绪调节研究提供了较为有效的情绪认知分析基础。

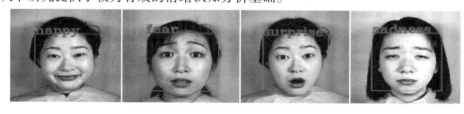

图 4-12 采用传统表情情绪分类方法的认知结果

表4-3 采用表情空间模型的情绪认知权重

图片	平静	悲伤	恐惧	高兴	厌恶	愤怒	惊讶
	0	23.08%	0	0	13.07%	56.16%	7.69%
	0	20.77%	15.21%	0	58.64%	5.38%	0
	0	23.08%	53.84%	0	15.34%	0	7.74%
	20.36%	30.88%	15.38%	0	23.07%	10.31%	0
	0	15.78%	0	76.53%	7.69%	0	0
	0	8.38%	32.38%	0	0	13.00%	46.24%

本实验采用 R-HOG 描述子,对图像进行不重合的扫描区域划分,减少了特征扫描所需的时间,提高了表情识别的实时性。然后以面部表情动作单元为依据,标定表情动作的特征点,并以特征点为中心对面部表情特征区域进行划分。在此基础之上,运用 5 尺度、8 方向的 Gabor 滤波器组提取各表情特征区域的 Gabor 图谱,引入 PCA 训练法对 Gabor 小波系数进行特征降维处理,并根据测试表情与基本情绪表情库的表情势计算得到各基本表情所占比例,从而实现非典型情绪表情与情绪状态的映射过程。

4.4 基于微表情的情绪认知

微表情既可能包含普通表情的全部肌肉动作,也可能只包含普通表情肌肉动作的一部分,所以在微表情中常常伴随着弱强度的出现,给其识别过程带来较大的困难,表4-4给出了包含6种基本情绪的微表情特征。因此,在微表情识别的过程中,需要最大程度地获取面部表情特征,但如果直接对整幅图像进行多尺度、多方向的 Gabor 滤波,则特征向量的维数会大量增加。这里采用 Gabor 滤波器来分解由三维梯度投影描述法得到的微表情关键帧图像,并应用基于多区域的局部 Gabor 二值模式(Local Gabor Binary Pattern,LGBP)算法,这里并未将整幅关键帧图像作为 Gabor 滤波器的输入,取而代之的是经过三维梯度投影描述法分析的9个面部表情特征区域。

表4-4 6种基本情绪的微表情特征

情绪状态	微表情典型特征	情绪细化	动作区域
惊讶	眉毛上扬;眼睛睁圆(上眼皮上抬,下眼皮松弛);嘴张开;下巴下垂	质疑	只有眼睛和眉毛有动作
		大吃一惊	只有眼睛和嘴巴有动作
		迷茫无措	只有眉毛和嘴巴有动作
		惊讶	眉毛、眼睛、嘴均有动作
恐惧	眉毛上扬并拉直摆正、眉角拉近;眼睛睁大(上眼皮上抬,下眼皮紧张);嘴张开,双唇紧张甚至回缩	担忧	只有眉毛和眼睛的配合
		惊骇	只有眼睛和嘴巴动作
厌恶	嘴唇和脸颊上抬	轻蔑	双唇压迫,一侧嘴角上抬
		嘲讽	一侧嘴角上抬,嘴微张
愤怒	眉毛下压,内角拉近;眼睛略微变小;抿嘴或呈方形张开	微微生气	只有眉毛和眼部动作
		强压怒火	眉毛、眼部动作,抿嘴
		震怒	眉毛、眼部动作,嘴呈方形张开
快乐	嘴角上扬、咧嘴;眯眼;眉梢下垂	微笑	嘴角上扬
		大笑	咧嘴;眯眼;眉梢下垂
悲伤	眉毛内角上抬;嘴角下压或发抖;下眼皮上抬	忧伤	只有嘴角动作
		愧疚	只有眉毛、眼睛动作
		悲痛	全区动作

4.4.1 基于三维梯度投影描述的微表情捕捉

如图4-13所示,三维梯度投影法把空间梯度向量分别投影到笛卡儿坐标系的 xOt 和 yOt 平面上,从而将一个空间梯度向量转化为两个平面梯度向量,并且将由 (θ,ϕ) 角度共同描述的三维梯度方向转化为两个独立描述的二维梯度投影方向 θ_{xt} 和 θ_{yt},其中 θ 角代表平面梯度的方向,而 ϕ 角则代表偏离二维梯度方向的角度, θ_{xt} 代表该像素点从当前帧到下一帧的水平运动方向,同理, θ_{yt} 代表该像素点的垂直运动方向。

具体的梯度投影方法如下:从4.3.1节所提到的面部特征立方体(假设区域的尺寸为 $m \times n$ 像素)进行横截和纵截,形成 m 个横截面和 n 个纵截面,这些截面真实地反映出某一时间段内图像中像素点的运动状态,同时也是横(或纵)坐标与时间轴拼接而成的图像,可以定义为 $L(x,t)$(或 $L(y,t)$)。这样,对每点计算梯度,由定义式 $m_{2D}(x,y) = \sqrt{L_x^2 + L_y^2}$, $\theta(x,y) = \arctan(L_y/L_x)$ 可得投影二维梯度向量的量级和方向分别为

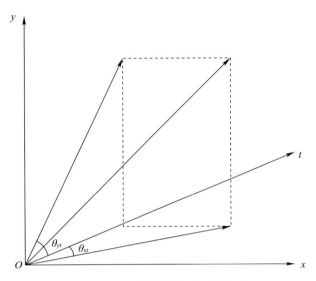

图 4-13　三维梯度方向投影方法

$$m_{xt} = \sqrt{L_x(x,t)^2 + L_t(x,t)^2}$$

$$\theta_{xt} = \arctan\left(\frac{L_t(x,t)}{L_x(x,t)}\right)$$

$$m_{yt} = \sqrt{L_y(y,t)^2 + L_t(y,t)^2}$$

$$\theta_{yt} = \arctan\left(\frac{L_t(y,t)}{L_y(y,t)}\right) \tag{4-16}$$

时间的推移总是正向的,所以时间的增量 $\Delta t>0$,由此可知,在 xOt 平面内 $-\pi/2<\theta_{xt}<\pi/2$,为方便 θ_{xt} 的统计,这里将 θ_{xt} 在其取值范围内等分为 6 个单元,如图 4-14 所示。此外,将这 6 个标准分区分为亚组 a、亚组 b 和亚组 c。其中,亚组 a 表示该像素点在两帧之间并没有发生显著的水平位移,亚组 b 表示该像素点在 t 方向与在 x 方向上有相似的变化,亚组 c 表示该像素点在两帧之间发生了极其显著的水平位移。在 yOt 平面内 θ_{yt} 的分组方法与上述一致。

根据式(4-16)分别计算每个区域内各像素点在时刻 t 的梯度方向,并按照上述方法进行分组,就可以建立二维梯度方向统计直方图,如图 4-15 所示,分别对 θ_{xt} 和 θ_{yt} 的 12 个角度单元中所包含的像素点数目进行叠加统计,柱状图越高,代表位于该角度区间的像素点数目越多,通过各时刻直方图的峰值可以得到特征点在 t 时刻的运动趋势。在亚组 b 和亚组 c 中统计得到的柱状图峰值所对应的时刻是表情动作变化较为明显的时刻,即微表情发生的时刻。

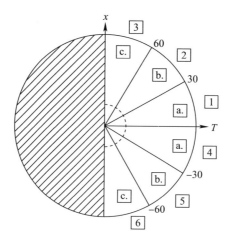

图4-14 梯度方向在 xOt 平面内投影的角度划分

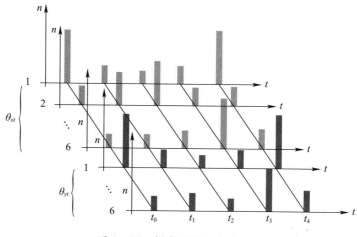

图4-15 梯度投影方向直方图

4.4.2 微表情的特征提取与降维

Gabor 小波具备较好的模拟人类视觉皮层反射的特性,即对于空间尺度、空间方向局部结构的提取与人类视觉感受系统相符合,此外,Gabor 小波对于光照和亮度有一定的鲁棒性,多尺度和多方向的 Gabor 特征提取对于提取微表情细微的表情信息极为有利。因此,这里采用 5 尺度($k_{max} = \pi/2; f = \sqrt{2}; v = 0,1,2,3,4$)8 方向($n = 8; \mu = 0,1,\cdots,7$)的 Gabor 滤波器组来提取微表情关键正中面部特征区域的多方向、多尺度图像特征。图 4-16 是输入特征区域图像的多层 Gabor 分解图谱。

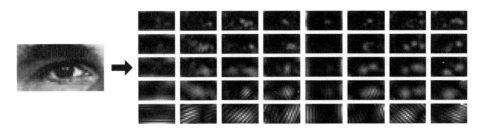

图 4-16 对单一特征区域的 Gabor 分解图谱

对于大小为 120×60 的面部特征区域,经过 40 个 Gabor 滤波器簇之后,得到的特征向量维数达到 120×60×40 = 288000 维,虽然比对于整幅图像直接做 Gabor 滤波得到的特征向量维数要小很多,但是如果直接进行特征分类仍然十分复杂,需要进一步降维。常用的降维方法,如对 Gabor 特征进行采样或者主成分分析,都会不同程度地存在信息丢失的问题,对于敏感度要求较高的微表情而言,无疑会大大降低识别率。所以这里在尽可能保留图像原始方向和尺度特征信息的基础上,采用基于局部二值模式(Local Binary Patterns,LBP)的方法进行特征降维。

根据 LBP 算子的基本理论,对 Gabor 幅值做 LBP 运算,记作

$$\text{LGBP} = \sum_{p=0}^{7} S(G_p(x,y,v,\mu) - G_c(x,y,v,\mu))2^p \quad (4-17)$$

这里采用区域直方图对 LGBP 进行特征信息的描述,即将以上 LGBP 分割为多个不相交的矩形区域,用直方图统计出每个区域的灰度值分布属性,此方法不仅使高维的 LGBP 变成了低维的直方图,而且最大程度地保留了图像的原有特征。具体做法如下。

假设图像 $f(x,y)$ 具有 L 个灰度级别,则图像的直方图可定义为

$$h_i = \sum_{x,y} I\{f(x,y) = i\}, i = 0,1,\cdots,L-1 \quad (4-18)$$

$$I\{A\} = \begin{cases} 1, & A \text{ 为真} \\ 0, & A \text{ 为假} \end{cases} \quad (4-19)$$

式中:i 为第 i 个灰度级别;h_i 为灰度为 i 的像素点的个数。

假设将每个 LGBP 图像分割为 m 个区域 $R_0, R_1, \cdots, R_{m-1}$,根据下式可从每个区域提取到 L 个单元的直方图序列:

$$H_{v,\mu,R_j} = \sum_{(x,y) \in R_j} I\{\text{LGBP}(x,y,v,\mu) = i\},$$

$$i = 0, 1, \cdots, L-1; j = 0, 1, \cdots, m-1; v = 0, 1, \cdots, 4; \mu = 0, 1, \cdots, 7$$
(4-20)

将 m 个区域的直方图串接为一个序列 D 作为这一表情区域的最终描述：

$$D = (H_{0,0,0}, \cdots, H_{0,0,m-1}, H_{0,1,0}, \cdots, H_{4,7,m-1})$$ (4-21)

当确定每个直方图的高度后，D 即可以看作为一个 $40 \times m \times L$ 维的特征向量，通过对识别率造成的影响进行对比，选取 m 和 L 的值，则每个微表情的特征值都可以由 $40 \times m \times L$ 维的特征向量 $D_1, D_2, \cdots, D_9$ 表示。

4.4.3 基于梯度量级加权的微表情分类

最近邻(Nearest Neighbor Analysis, NNA)算法不是靠判别类域来确定所属的类别，而是依靠周围有限的邻近的样本，所以对于类域交叉或重叠较多的待分样本集来说，NNA 算法更为有效。这里在最近邻算法的基础上，构建了基于梯度量级加权的最近邻表情分类器，对经过降维的 LGBP 特征进行分类。

假设 $\boldsymbol{D}_i, \boldsymbol{D}_j$ 是经过降维的两个向量，那么，这两个向量之间的距离可以定义为

$$d(\boldsymbol{D}_i, \boldsymbol{D}_j) = \sum_{k=1}^{l} \| b_k^{(i)} - b_k^{(j)} \|_2$$ (4-22)

式中：$\| b_k^{(i)} - b_k^{(j)} \|_2$ 为欧氏距离；l 为特征向量的维数。

假设经过训练过的样本 $(D_{1,1}, D_{1,2}, \cdots, D_{1,9}), (D_{2,1}, D_{2,2}, \cdots, D_{2,9}), \cdots, (D_{n,1}, D_{n,2}, \cdots, D_{n,9})$，其中每个样本都有其对应类别 C_k。若

$$\sum_{j=1}^{9} d(D_{T,j}, D_{S,j}) = \min_{Q \in [1,n]} \sum_{j=1}^{9} d(D_{T,j}, D_{Q,j}), (D_{S,1}, D_{S,2}, \cdots, D_{S,9}) \in C_k$$
(4-23)

则判定测试样本 $(D_{T,1}, D_{T,2}, \cdots, D_{T,9})$ 也属于 C_k。

梯度的量级能够有效地反映当前时刻像素点的运动幅度，三维梯度量级和方向可以表示为

$$m_{3D}(x, y, t) = \sqrt{L_x^2 + L_y^2 + L_t^2}$$ (4-24)

$$\theta(x, y) = \arctan\left(\frac{L_y}{L_x}\right)$$ (4-25)

$$\phi(x, y, t) = \arctan\left(\frac{L_t}{\sqrt{L_x^2 + L_y^2}}\right)$$ (4-26)

式中：θ 角为平面梯度的方向，与时间 t 无关；ϕ 角为偏离梯度方向的角度，且

$-\dfrac{\pi}{2} < \phi < \dfrac{\pi}{2}$。

考虑到表情变化幅度较大的特征区域包含较强的判别能力,而变换幅度较小的特征区域包含较少的判别信息。因此,对不同的特征区域赋予不同的权值能够更为准确、有效地描述微表情变化。根据区域梯度量级 $m_{3D}(x,y,t)$ 定义第 i 个特征区域在某时刻的权值为

$$W_i = \dfrac{\sum_{(x,y)\in R_i} m_{3D}(x,y,t)}{\sum_{i=1}^{9}\sum_{(x,y)\in R_i} m_{3D}(x,y,t)} \xrightarrow{t\text{时刻确定}} \dfrac{\sum_{(x,y)\in R_i} \sqrt{L_x^2 + L_y^2 + L_t^2}}{\sum_{i=1}^{9}\sum_{(x,y)\in R_i} \sqrt{L_x^2 + L_y^2 + L_t^2}} \quad (4-27)$$

将加权系数 W_i 引入到分类式(4-23)中,得到基于梯度量级加权的微表情特征最近邻分类算法:

$$\sum_{j=1}^{9} d(W_j D_{T,j}, W_j D_{S,j}) = \min_{Q \in [1,n]} \sum_{j=1}^{9} d(W_j D_{T,j}, W_j D_{Q,j}), (D_{S,1}, D_{S,2}, \cdots, D_{S,8}) \in C_k$$
$$(4-28)$$

4.4.4 实验及结果分析

这里介绍了一种基于三维梯度投影描述的微表情捕捉方法,该方法首先采用 R-HOG 描述子,对视频帧进行不重合的扫描区域划分,减少了特征扫描所需的时间,提高了微表情识别的实时性;然后以面部表情动作单元为依据,标定表情动作的特征点,并以特征点为中心对面部表情特征区域进行划分;最后应用三维梯度投影描述的方法把空间梯度向量分别投影到笛卡儿坐标系的平面上,由 (θ,ϕ) 角度共同描述的三维梯度方向转化为两个独立描述的二维梯度投影方向 θ_{xt} 和 θ_{yt},并建立二维梯度方向统计直方图来统计微表情的动作趋势,有效地捕捉存在微表情动作的关键帧。在此基础之上,运用 5 尺度、8 方向的 Gabor 滤波器组提取各表情特征区域的 Gabor 图谱,引入局部二值模式对 Gabor 图谱进行特征降维处理,并通过直方图描述包含完整微表情信息的特征向量。最终提出了基于梯度量级加权的最近邻微表情分类算法,通过加权后的表情特征与训练样本集的欧氏距离来判别微表情中所包含的情绪状态的最终归属。以下分别对微表情的捕捉及情绪分类进行有效性分析。

1. 微表情捕捉算法的有效性分析

实验数据采用 Paul Ekman 的面部编码系统中包含 AU12(嘴角拉紧)动作的微表情视频流,对该视频流的采样频率约为 25 帧/s。该视频流片段中的表情动作信息如图 4-17 所示。在 0~3 帧 AU12 动作单元没有动作,处于平静状态;

在 4~10 帧嘴角肌肉逐渐收紧;11~14 帧动作保持不变;15~18 帧嘴角肌肉放松,表情渐渐平复;19~20 帧 AU12 动作单元恢复自然状态。由此可见,嘴角拉紧的微表情发生在 11~14 帧,该微表情的保持时间约 0.16s。

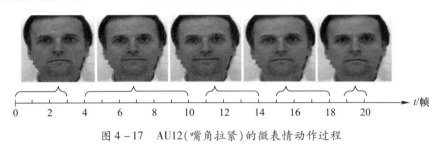

图 4-17　AU12(嘴角拉紧)的微表情动作过程

采用 4.4.1 节中基于三维梯度投影的微表情捕捉算法对视频流中的 20 帧嘴角特征区域进行分析,并对于水平梯度方向角 θ_{xt} 建立统计直方图,如图 4-18 所示(垂直梯度方向角 θ_{yt} 与之类似)。从图 4-18 中可以看出,θ_{xt} 的 2 和 3 角度区域在 6~10 帧时出现峰值,说明该特征区域内像素点在 6~10 帧内发生明显的梯度变化,与图 4-17 中 4~10 帧嘴角肌肉收紧过程相符;5 和 6 角度区域在 16~18 帧时出现峰值,说明该特征区域内的像素点在 16~18 帧内发生明显梯度变化,但方向与 6~10 帧时恰好相反,与图 4-17 中 15~18 帧嘴角肌肉释放过程相符。由此可见,这里提出的基于三维梯度投影的微表情捕捉算法可以有效地捕捉到微表情运动的瞬间,并与 FACS 编码系统提出的收紧-保持-释放这 3 个通用的表情运动阶段相符。

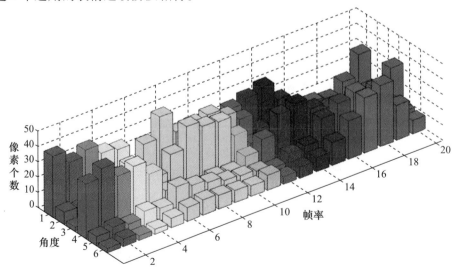

图 4-18　水平梯度方向角的统计直方图

为了更为直观地验证算法的有效性,这里对于首帧上标定的特征点 ML 进行跟踪,并分别绘制其水平和垂直分运动方向的轨迹,如图 4-19 所示。从图 4-19 中可以看出,水平和垂直分运动基本同步进行,由此证明人脸为非刚体,肌肉的运动是相辅相成、互相牵连的,并非多个独立的单元。两个分运动在约 0.2s 处开始出现大幅度变化,即嘴角肌肉收缩阶段,在 0.42s 处达到运动最大幅度,即约 10~11 帧处出现完整的微表情,微表情强度的最大值,这与之前的梯度描述仿真结果完全吻合。从另一个直观的角度验证了本算法的有效性,同时也从侧面反映出这里对于特征点的选取和特征区域的划分具有一定代表性,符合面部表情运动的基本规律。

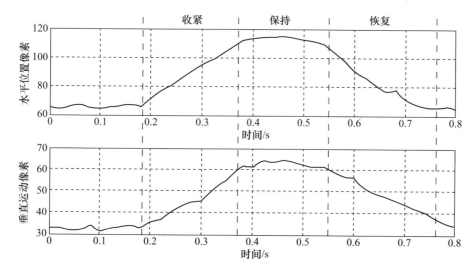

图 4-19　特征点 ML 在水平和垂直方向的投影运动轨迹

2. 梯度量级加权算法的有效性分析

本实验采用近年来广泛应用于数据挖掘和模式识别领域的 ROC 曲线评估方法,对基于梯度量级加权的最近邻微表情分类算法的性能进行验证。这里,定义

$$\text{错误接受率} = \frac{\text{非正常事件判断为正常事件的数量}}{\text{非正常事件的总数量}}$$

$$\text{正识率} = \frac{\text{分类正确的测试样本数量}}{\text{总的测试样本数量}}$$

从耶鲁大学人脸表情数据库中挑选的 6 种基本表情图片各 10 张作为训练样本,并对 FACS 中捕捉到的微表情关键图像进行情绪状态识别。为了在保留较多的图片结构信息的同时可以使特征向量的维数较低,这里选取的采样窗口

大小为 30 像素×12 像素,灰度级别为 16。分别采用等权分类和梯度量级加权的分类算法,对捕捉到的 72 幅微表情样本进行训练和分类,两种分类算法的 ROC 曲线对比如图 4-20 所示。从实验结果可以看出,两条曲线均具有很强的收敛性,但加权分类算法的曲线下面积大于等权分类算法,说明在对 NNA 算法进行加权处理后,其对微表情的分类效果(即正确区分正常事件和非正常事件能力)要优于等权分类算法。此外,加权分类曲线的起点要高于等权分类曲线的起点,说明加权后的分类算法在敏感性指标(即识别正常事件的能力)上要优于等权分类算法。

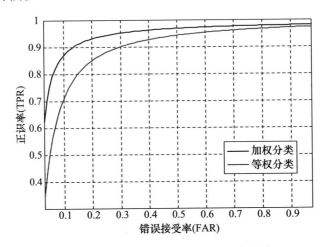

图 4-20　等权和加权分类的 ROC 曲线图

为了评价这里所提出方法对于微表情识别的有效性,我们选择目前微表情识别中一种经典的方法(Gabor 特征提取与支持向量机表情分类相结合的微表情识别方法)与这里所提出的微表情识别方法进行对比,依然沿用耶鲁大学人脸表情数据库,识别率如图 4-21 所示。由图 4-21 中的对比实验结果可知,Gabor+支持向量机的方法在识别如高兴、惊奇等特征明显的表情时,识别率与这里所提出的方法相似,但是在处理表情特征不是很明显的愤怒、厌恶等表情时,相较 GLBP+加权 NNA 算法,识别率发生较大下降。可见,GLBP 算子结合加权的 NNA 算法在解决敏感度要求比较高的微表情识别问题时,性能要优于经典的 Gabor+支持向量机算法。

与传统算法相比,三维梯度投影描述法降低了运算次数,缩短了运算时间,有效地提高了微表情的捕捉效率。实验表明,基于三维梯度投影的微表情捕捉算法可以实时、准确地捕捉到微表情的整个动作过程,并与 FACS 编码系统提出的收紧-保持-释放这 3 个通用的表情运动阶段相符合。通过对等权和加权分类算法的对比实验可知,对 NNA 算法进行加权处理后,其对微表情的分类效果和敏感性指标均明显优于等权分类。

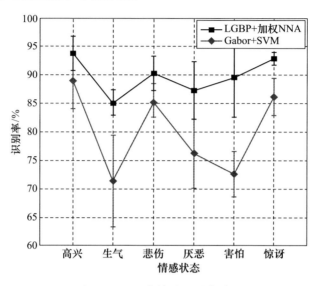

图 4-21　微表情的识别率对比

第5章 基于人工心理情感机器人辅助治疗系统

孤独症是一种广泛性发育障碍。据不完全统计,目前全球约有3500万孤独症患者,患病比率高达94∶1。根据中国残疾人联合会2009年保守估计,我国0～15岁的孤独症患儿有150万,0～20岁以上的孤独症患儿有500万,而且其发病率呈逐年上升趋势。由于孤独症病因未明,因此,尚无有效的治疗方法。除药物干预以外,现阶段孤独症的训练方式一般采用一对一的行为矫治和简单的康复游戏。训练周期长(绝大多数患儿需要终身参与训练),医疗费用极高,医护人员稀缺,医疗机构水平良莠不齐,并且辅助治疗工具简陋等重大问题日益凸显。

针对以上突出问题,将控制、人工智能、模式识别等先进的信息科学手段与辅助治疗相结合,开发面向孤独症儿童的远程社交辅助治疗机器人,培养孤独症儿童的协调和同步互动能力,发展社会交往和沟通技能,进而达到与健康人之间的和谐自然交流,从而为患儿的教育和康复治疗提供新型有效工具。机器人作为一个全面、可信的互动系统,应用到学校及家庭教育中,为医生、教师、家长和特殊需求的孤独症儿童服务,通过具备认知情感能力的人性化社交辅助治疗,为孤独症儿童的康复带来曙光。

本章针对孤独症儿童普遍存在的弱结构化视觉关注、认知情感缺失等问题,结合目前人机交互与合作的体系结构特点,设计出一套特定模式下切实可行的机器人辅助社交训练实验方案,并将表情认知、情绪调节等相关模型及算法应用到孤独症儿童辅助治疗机器人综合系统平台中进行分析、对比与验证。通过初步临床试验发现问题,并进一步改善康复治疗信息化服务的人机交互理论与算法,拓展认知情感计算在数字化交互装备领域的应用范围,为相关产业的发展提供理论与技术基础。

5.1 情感机器人平台

孤独症辅助治疗机器人如图5–1(a)所示,使用了本研究中的认知及情感计算模型,通过应用多级模块式管理结构,提供了一种远程模式下安全可靠的人机智能交互技术,实现针对孤独症儿童的实时数据采集处理、智能响应及远程辅助治疗功能,解决了现有社交辅助治疗工具资源匮乏、认知情感互动程度不足、远程安全受限的问题。

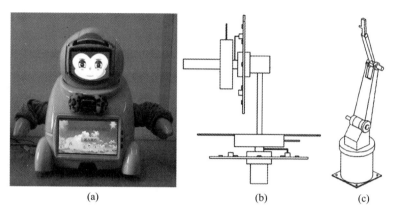

图 5-1 孤独症辅助治疗机器人

如图 5-1(b)所示,该装置头部运动单元由两组相互独立的直流电机及其控制驱动机构垂直耦合而成,直流电机控制板呈环形垂直镶嵌于减速器外侧,光电传感器及微动开关以 30°角等差均匀分布于控制板半侧外边缘,其中 2 个微动开关呈 180°,微动开关到圆心距离为 5cm,光电传感器到圆心距离为 5cm。头部运动单元采用 STC12C5A15AD 芯片作为核心控制器,通过 PWM 双向控制与传感器及延时计算相结合的方式控制直流电机转动角度,并设有头部转动最大角度物理限位,可实现电机运动角度的精确定位。

如图 5-1(c)所示,该装置其手臂运动单元由肩关节、肘关节、腕关节 3 个运动机构协同驱动产生动作,其中 2 个步进电机垂直耦合构成肩关节,可实现手臂的 350°全向旋转及 180°上下摆动功能。手臂运动单元采用 TB5550AHQ 芯片作为核心控制器,通过全向旋转轴与其他 3 个电机的协同控制,机器人手臂可以灵活地指向任意方向,实时、准确地完成系统下达的控制命令,控制误差小于 0.5°。

5.2 情景交互中的情绪调节

在情景交互辅助治疗过程中,以孤独症辅助治疗机器人平台为依托,提出一种基于音频特征提取算法与机器人情感动作转移相结合的闭环机器人行为控模型,利用音乐韵律作为认知基础控制机器人实现与之相适应的行为。本节在对音乐情感特征进行研究的基础上,采用反映人耳主观听觉效果特征的 Mel 频率倒谱系数(Mel Frequency Cepstrum Coefficients,MFCC)作为音乐情感特征参数,以音频特征向量驱动的情感动作为初始状态。在实验的基础上,建立音频特征向机器人情感动作转化的认知情感模型,并通过 Likert 量表评估模型的有效性,从而实现对动作转移模型的自适应优化。

5.2.1 音频特征参数提取

听觉机理中存在屏蔽效应的现象,即频率相似的两个音调在同一时刻产生时,人类只能辨析其中一个,而无法辨析出另外一个。这涉及临界带宽的概念,临界带宽是指令人类主观感觉发生突变的带宽边界,当同时发生的两个音调其频率之差小于临界带宽时,人就会产生如上所述的屏蔽效应。Mel 刻度可以有效度量临界带宽,Mel 频率倒谱系数就是通过对语音信号的处理得到的一组用于描述语音频谱的向量序列。MFCC 的提取过程如图 5-2 所示。

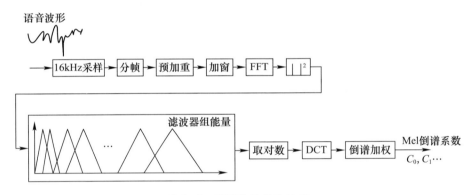

图 5-2 MFCC 的提取过程

为消除发声过程中声带和嘴唇的效应,以补偿语音信号发音系统所压抑的高频部分,首先进行预加重处理。将帧内语音信号 s_i 通过一个高通滤波器,预加重后的语音信号 s_i^* 为

$$s_i^* = s_i - a s_{i-1}, \quad 0.9 \leq a \leq 1.0 \quad (5-1)$$

将预加重后每一帧语音信号进行加窗处理,以得到完整的语音信号动态变化过程。加 Hamming 窗的计算方法如下:

$$s_i' = s_i^* \left[0.54 - 0.46\cos\left(\frac{2\pi \cdot i}{N-1}\right) \right], \quad 0 \leq i \leq N-1 \quad (5-2)$$

音频帧的频率值可以通过对预处理后的采样信号进行快速傅里叶变换得到。由采样定理可知,音频帧的最大频率为采样频率的 1/2。因此,当信号的采样率为 15kHz 时,音频帧的最大频率为 8kHz。由此可知,在 0~8kHz 的频带上的音频帧携带有能量,故而可以将此能量频率通过下式映射到 Mel 频谱上,以更好地模拟人类的听觉感知与处理过程,即

$$F_{Mel} = 2595 \lg\left(1 + \frac{f}{700}\right) \quad (5-3)$$

式中:F_{Mel} 是以 Mel 为单位的感知频率;f 是以赫为单位的实际频率。

然后,通过 Mel 频率平均分布的三角滤波器,对语音信号的功率谱进行滤波,得到每一个滤波器输出的能量系数,对频谱进行平滑化,突出原语音信号的共振峰。最后利用离散余弦变换(Discrete Cosine Transform,DCT),对以上能量系数进行计算,得到 j 维 Mel 频率倒谱系数:

$$\varepsilon_j = \sum_{k=1}^{M} \lg x(k) \times \cos\left[j(k-0.5) \times \frac{\pi}{M}\right] \quad (5-4)$$

式中:M 为三角滤波器的个数;j 为 Mel 倒谱系数的维数。

在此采用 12 维 Mel 频率倒谱系数和归一化能量作为特征向量。如果只考虑到特征空间的形状,而忽略了音频参数分量的区分度,则会造成对于音乐分析的模糊。因此,根据经验分析,我们采用 Mel 频率倒谱系数中归一化能量对识别贡献较大的 ε_1、ε_6、ε_7、ε_9 作为音频特征参数向量,为之后的情感计算提供有效的认知基础。

5.2.2 机器人的状态初始化

音乐是由音频文件库提供的标准 WAV 格式音乐文件,经过 PCM Audio 重新编码成为单声道、54kb/s、8000Hz、8bit 的声音文件。情感的初始状态是整个情绪状态转移过程的起点,为提高运算的实时性,需要在不失真、不影响实验结果的前提下减少处理数据量。该起点由 Mel 倒谱系数 ε_1、ε_6、ε_7、ε_9 决定,因此,分别将其定义为 m_1、m_2、m_3、m_4,并由它们构成音频特征参数向量 $\boldsymbol{M} = (m_1, m_2, m_3, m_4)$,按照每秒提取一次音频特征参数的采样频率进行,由此按时间顺序形成音频特征参数矩阵 $\boldsymbol{M} = \begin{bmatrix} m_{10} & m_{11} & \cdots & m_{1n} \\ m_{20} & m_{21} & \cdots & m_{2n} \\ m_{30} & m_{31} & \cdots & m_{3n} \\ m_{40} & m_{41} & \cdots & m_{4n} \end{bmatrix}$,经动作编码形成表演机器人的

初始动作矩阵 $\boldsymbol{Q} = \begin{bmatrix} q_{10} & q_{11} & \cdots & q_{1n} \\ q_{20} & q_{21} & \cdots & q_{2n} \\ q_{30} & q_{31} & \cdots & q_{3n} \\ q_{40} & q_{41} & \cdots & q_{4n} \end{bmatrix}$,以此实现基于音频驱动的表演机器人初始化过程。

5.2.3 机器人的情绪状态转移

将 Mel 频率倒谱系数处理得到的初始音频特征参数向量 $\boldsymbol{M} = (m_1, m_2, m_3, m_4)$ 转化到情绪状态空间,可得到向量 $\boldsymbol{S} = \{S_1, S_2, S_3, S_4\}$。由于音频特征参数向量为四维向量,因此,我们对应为 4 种情绪状态。为表现出情绪状态转移的过程,我们对每种情绪状态进行表演动作的设计,以表演来体现音乐中的情感变化,其动作变换的可能转化过程如图 5-3 所示。通过动作的随机转移过程,可以看到所有情绪状态的转移过程,由此得情绪状态转移矩阵为

$$\hat{\boldsymbol{A}} = a_{ij} = \begin{bmatrix} a_{11} & a_{12} & a_{13} & a_{14} \\ a_{21} & a_{22} & a_{23} & a_{24} \\ a_{31} & a_{32} & a_{33} & a_{34} \\ a_{41} & a_{42} & a_{43} & a_{44} \end{bmatrix}$$

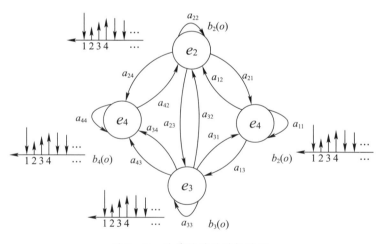

图 5-3 动作转移的随机过程

5.2.4 情绪转移的计算

在情绪状态的迁移过程中,定义前项变量 $\alpha_t(i) = P(O^1 O^2 \cdots O^t, q_t = S_i | \lambda)$,

并通过归纳法解得 t 时刻处于状态 S_i 的前项变量 $\alpha_t(i)$。作为前项运算的核心,归纳算法如图 5-4 所示,证明了在 $t+1$ 时刻,从前一时刻转移为状态 S_j 的 N 个可能状态。由于 $\alpha_t(i)$ 是观察序列 $O^1O^2\cdots O^t$ 在 t 时刻状态为 S_i 的联合概率,所以乘积 $\alpha_t(i)a_{ij}$ 是观察到序列 $O^1O^2\cdots O^t$ 在 $t+1$ 时刻由状态 S_i 转移为状态 S_j 的联合概率。通过归纳算法得到在状态 S_j 下观察值为 O^{t+1} 的概率:

$$\begin{aligned}\alpha_{t+1}(j) &= P(O^1O^2\cdots O^tO^{t+1}, q_{t+1}=S_j|\lambda) \\ &= \alpha_t(1)a_{1j}b_j(O^{t+1}) + \alpha_t(2)a_{2j}b_j(O^{t+1}) + \cdots + \alpha_t(N)a_{Nj}b_j(O^{t+1}) \\ &= [\alpha_t(1)a_{1j} + \alpha_t(2)a_{2j} + \cdots + \alpha_t(N)a_{Nj}]b_j(O^{t+1}) \\ &= \Big[\sum_{i=1}^{N}\alpha_t(i)a_{ij}\Big]b_j(O^{t+1}), \quad 1\leq t \leq T,\quad 1\leq j \leq N \end{aligned} \quad (5-5)$$

因此,有

$$\alpha_T(i) = P(O^1O^2\cdots O^T, q_T=S_i|\lambda) \quad (5-6)$$

$$P(O|\lambda) = \alpha_T(1) + \alpha_T(2) + \cdots + \alpha_T(N) = \sum_{i=1}^{N}\alpha_T(i) \quad (5-7)$$

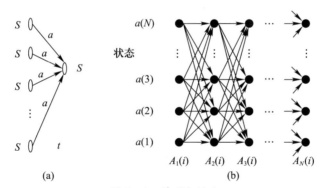

图 5-4 前项归纳法

经验证可知,通过直接算法完成以上前项运算需要的运算量为 $2T\times N^T$ 次(确切地说,需要 $N(N+1)(T-1)+N$ 次乘法和 $N(N-1)(T-1)$ 次加法),而应用归纳算法,包括 $\alpha_t(i)$($1\leq t\leq T, 1\leq i\leq N$)的计算在内,其运算量仅需 N^2T 次。当 $N=4, T=100$ 时,运用直接算法大约需要 10^{52} 次运算,而应用递归算法仅需要约 2000 次运算,相比节省了 49 个数量级的运算。

5.2.5 情景交互实验

在情景认知的治疗环节中,情感机器人随机播放与场景图片相符合的音乐,与此同时,承担对音乐 Mel 频率倒谱的分析和认知情感计算工作,伴随着音乐的旋律机器人完成情绪动作控制工作,并通过动作表演为患儿诠释场景图片中所带有的情绪状态。本实验选取《茉莉花》音乐作为音频特征提取过程的输入,通过基于 Mel 频率倒谱系数的音频特征提取过程得到相应的特征参数,音乐《茉莉花》每个维度上的频率随时间的变化处于较为平缓的变化过程,并没有产生频率上的陡变,并且其在高频的特征输出较少,而在低频处有明显的输出。由此可见,音乐《茉莉花》的整体旋律特征为悠扬,以此作为情感分析的认知基础,进行后续情感转移过程的音频特征依据。

为了建立基于有效认知的音乐情感计算方法,弥补音乐情感评估优化环节的不足,将以上输出的 Mel 频率倒谱系数作为音乐有效认知的提取手段,以 HMM 模型为理论基础,经概率转移矩阵将情绪状态序列转化为观察值序列,从而形成相应的电机控制序列,使情感机器人自适应产生表演动作,如图 5-5 所示。

图 5-5 情感机器人的动作演示

实验结果表明,Mel 频率倒谱系数可以有效地刻画音乐的情感特征,为情感计算提供有效地认知基础,在认知基础上建立的改进情感转移计算方法,可以更加生动地表现出机器的类人情绪特征,在对系统进行评估优化后,机器人的情感计算模型更为符合孤独症儿童交互的主观需求。在临床应用前期,选择 80 名正常受试者,通过 Likert 量表的方法对情境认知中情感计算模型所产生的动作输出进行评估,第一次评估结果如表 5-1 所列。在对第一次调查问卷统计分析的基础上,得到了情感状态转移矩阵,从而设计出机器人的相应表演动作。在此表演展示过程中,我们对 80 位观众进行第二次问卷调查,通过第一次和第二次调查数据的比对来有效地优化模型的情感状态转移概率,使机器人的表演动作更加合乎人类情感的变化。通过表 5-1 和表 5-2 的对比分析可知,儿童对于动作丰富性需求较高,而对于动作的复杂性和协调性需求较低,并且第二次调查问卷的反馈情况明显优于之前的表演反馈,情感机器人在动作丰富性和协调性两方面有较大提高,机器人的表演基本达到临床应用标准。

表 5-1 第一次调查问卷统计结果

年龄	表演动作满意程度	表演动作的和谐程度	机器人的可交互程度	音乐动作的和谐程度	前后动作衔接程度	整套动作的流畅性	表演的受欢迎程度
5~18岁	4.28	3.95	3.82	4.28	4.15	3.52	4.30
18~35岁	4.1	3.35	3.55	3.79	2.55	2.32	3.5
35岁以上	3.15	2.98	2.95	3.54	2.20	1.35	2.91

表 5-2 第二次调查问卷统计结果

年龄	表演动作满意程度	表演动作的和谐程度	机器人的可交互程度	音乐动作的和谐程度	前后动作衔接程度	整套动作的流畅性	表演的受欢迎程度
5~18岁	4.37	4.25	4.03	4.35	4.22	3.48	4.52
18~35岁	4.2	3.51	3.44	4.11	2.8	2.8	3.4
35岁以上	3.72	3.25	3.19	3.93	2.58	2.37	3.24

5.3 孤独症交互式辅助治疗系统

5.3.1 辅助治疗系统总体框架

孤独症辅助治疗系统的工作主要集中在基于表情及视觉关注的认知情感计算及交互。在孤独症儿童弱结构化、无序性的关注过程中，分析得到基于表情情绪及协同认知的关注特征，为后续的情感互动过程提供必要的认知依据。针对孤独症儿童过于敏感的情感特征，结合前面所述认知情感模型，对其情感过程进行分析，将连续可控的认知情感算法应用于交互式辅助治疗过程中，并实时通过量表评估对特定患儿的情感交互过程进行优化。本交互治疗方案如图5-6所示。

孤独症儿童视觉注意模型的分析过程包括静态分析和动态分析两个方面。静态分析主要包括注意点在每个关注区域中的持续时间和注意力转移图样等。此静态过程并非指注意点的不变性，而是强调注意点并没有转移出根据显著图划分出的显著区域。动态分析主要包括关注点在显著区域间的变换频率和变换顺序等。在孤独症儿童关注特征获取方面，针对孤独症儿童对图像的弱结构化关注过程，利用位姿追踪技术，生成视觉方向的扫描模式图，采用计算式认知方法，对扫描模式图进行马尔可夫链-熵的算法处理，产生视觉注意模型的主观量度。将视觉特征的显著图与视觉注意力主观量度相结合，得到具有协同认知能力的孤独症儿童视觉关注特征。

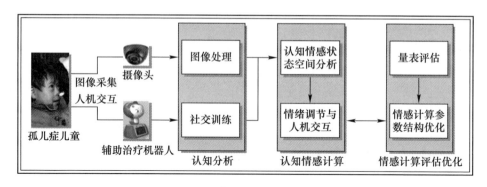

图5-6 系统的交互治疗方案

在关注分析的基础上,针对目前情感计算研究中存在的离散性跳变等问题,依据表情认知分析及情绪调节模型,以隐马尔可夫刺激转移为基础,实现情感状态的连续可控变化过程,得到准确的情感状态转移变化规律。传统的情感状态分为愤怒、惊讶、平静、悲哀、高兴等基本类型,以此来构造整个情感空间无法连续表现出情感逐步变化的过程,因此我们引入了情感强度与情绪状态空间的概念,将情绪状态转移的过程连续化,为马尔可夫的刺激转移过程的连续化算法实现提供依据。

在此交互治疗过程中,具备多种情绪行为表达能力的情感机器人是孤独症辅助治疗系统的核心组成部分,因此,该系统可称为机器人辅助社交系统(Robot-assisted Social Training System,RSTS),见图5-7。机器人可以通过位姿(包括头与手的关联运动进行指引)及语音命令训练患儿的联合关注能力,也可以通过情绪表情与患儿进行具有评价的闭环情感交流。此外,RSTS为医生及监护者提供了用于介入治疗及实时量表评估的可移动终端。这里,介入治疗是指医生主动控制机器人的行为,包括特殊状况下,对训练场景及内容的强制转换;在患儿对机器人的指令长时间无响应时,对机器人附加语音及动作提示的激发等。在此训练过程中,评估量表及交互过程参数均被传送到服务器中进行实时处理及数据分析。

RSTS基于传感器网络协议构建,采用客户端-服务器(Client-Server,C/S)体系结构。此外,系统采用分布式控制结构,机器人及每个视频采集模块均具有独立的信息预处理能力。中心控制单元用于协调图像采集模块(RSTS决策的数据基础)、情感机器人、移动终端、网络接口、媒体显示屏等系统各模块的关系,并进行系统决策,如图5-8所示。交互系统应用非侵入式辅助治疗方法,通过多摄像头联合头部位姿判断实现患儿的视觉注意方向;采用表情认知方法对其面部表情的情绪特征进行识别与分类;与此同时,将预处理结果作为交互训练的部分参量实时地反馈给中心控制单元。

第 5 章　基于人工心理情感机器人辅助治疗系统

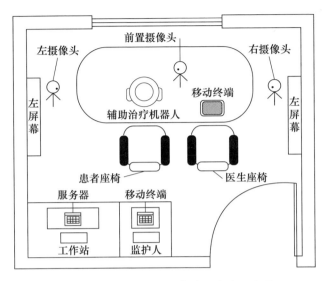

图 5-7　机器人辅助社交系统布局示意图

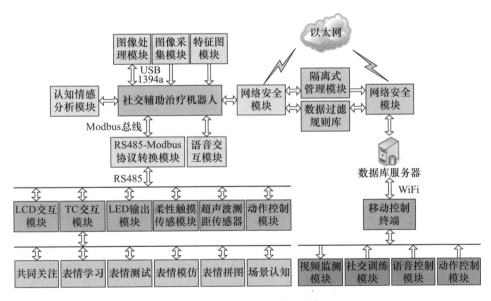

图 5-8　RSTS 闭环交互模式

系统具备自主训练与远程交互治疗两种模式：自主训练模式可使患儿在家庭等环境下随时随地进行社交能力训练，将治疗与娱乐有机地融为一体；远程交互治疗模式可使患儿足不出户就可享受医生的康复治疗指导，医生也可在提供在线医疗的同时及时了解、掌握患儿康复进度。在自主训练模式下，训练数据通过安全隔离模块向远程服务器单向传输，既可保障通信实时性，也可实现硬件阻隔外网信息威胁的功能;在远程交互治疗模式下,机器人系统采用基于关联规则挖掘的自适应数据过滤算法有效屏蔽外网危险信息、杜绝隐私泄露、保障交互系统的安全运行。该治疗模式的提出可有效节约医疗资源,大力促进家庭远程康复治疗的开展。本系统采用半自动与全自动交替工作模式,在半自动模式下,医生可以通过移动终端控制交互场景与训练进度,而全自动模式更加开放、灵活,患儿可依照训练进度安排随时随地自主完成交互过程。

5.3.2 孤独症辅助治疗的交互模式

以孤独症辅助治疗机器人(主要模块设计如图5-9所示)为核心的社交能力训练系统由共同关注、表情学习、表情测试、表情模仿、表情拼图、情景认知6种训练模式组成,6种模式逐层递进地针对患儿的表情认知、情感互动等社交障碍进行训练,每种训练模式采用难度阶梯式设置方式,为不同年龄及程度的患儿提供切实有效的治疗方案。

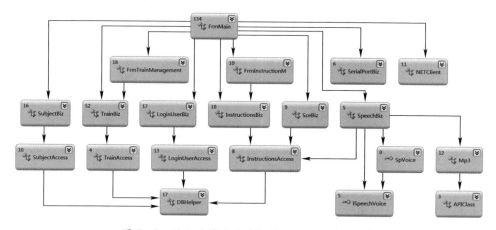

图5-9 孤独症辅助治疗机器人的核心模块设计

1. 共同注意

本治疗模式视觉关注度模型,由情感机器人与屏幕指示器联合控制实现,共同关注主画面,如图5-10(a)所示。共同关注指令共包括语音、动作、语音动作联合3种模式,其中,动作模式包括头动、手动、头与手部联合运动3种形式,依照患儿的前期训练情况提示程度有所不同。

2. 表情学习

在表情学习模块中,患儿可按照情绪的6种基本种类逐一进行表情学习,学习过程中会有语音提示帮助记忆,表情学习的界面如图5-11(b)所示,模块实现流程如图5-12所示。

第5章 基于人工心理情感机器人辅助治疗系统

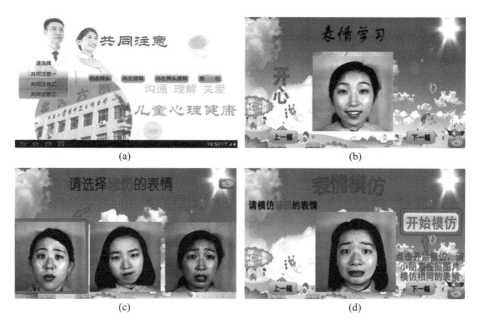

图 5-10　孤独症辅助治疗的交互模式之一
(a)共同注意主画面；(b)表情学习界面；(c)表情测试界面；(d)表情模仿界面。

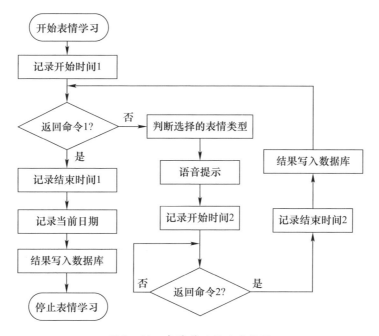

图 5-11　表情学习模块流程图

97

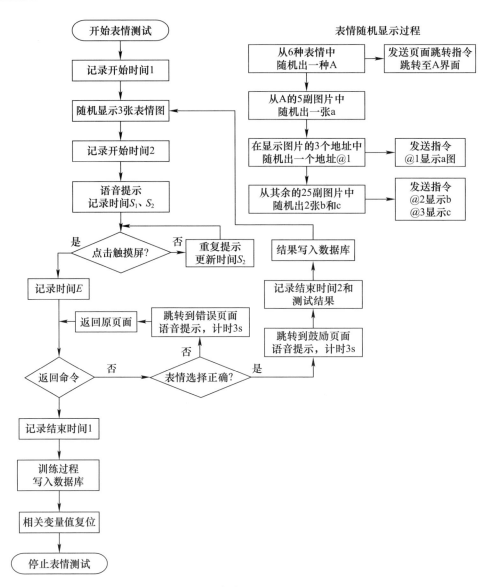

图 5-12 表情测试模块流程图

3. 表情测试

在表情测试模块中,患儿可按照语音提示从 3 幅图中选出正确的表情,表情测试的界面如图 5-10(c)所示,模块实现流程如图 5-11 所示。如果第一次就选出正确的答案,交互平台的液晶屏及触摸屏将出现卡通的奖励画面并伴以语音,接下来进行下一题;如果第一次没有选出正确答案,该表情图片将消失,变为二选一;以此类推,最后液晶屏和触摸屏上将出现卡通的鼓励画面并伴以语音,该题选择完毕后液晶屏将再次出现正确的表情图片来加深记忆。

4. 表情模仿

在表情模仿模块中,患儿可按照语音提示模仿给出的表情,如图5-10(d)所示,模块实现流程如图5-13所示。当患儿点击开始模范按钮或移动终端下达开始模仿命令时,摄像头将连续捕捉3s内患儿的面部表情并进行实时分析,然后判断表情模仿是否成功,并给出奖励或鼓励。

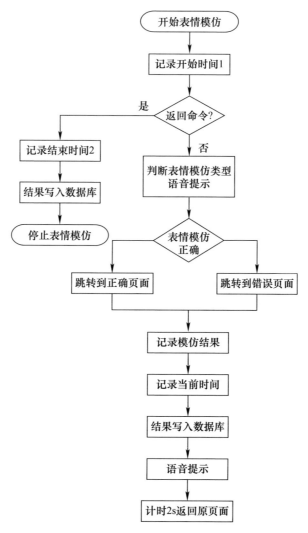

图5-13 表情模仿模块流程图

5. 表情拼图

表情拼图可根据难度和训练侧重点分为以下 4 种模式。

(1) 等额碎片拼图。如图 5-14(a)所示,将表情图片分为 4 块,打乱次序后,按照语音要求拼出所需情绪状态对应的表情。

(2) 差额碎片拼图。如图 5-14(b)所示,将正确的表情图片分为 4 块并添加两块其他表情类型的图片,打乱次序后,按照语音要求拼出所需情绪状态对应的表情。

(3) 眼部专项拼图。如图 5-14(c)所示,从两种带有不同情绪状态的眼睛图片中,选出语音所要求的眼部图片。

(4) 嘴部专项拼图。与图 5-14(c)相似,从两种带有不同情绪状态的嘴部图片中,选出语音所要求的嘴部图片。图 5-15 为表情拼图模式的流程图,其余模块与之类似。

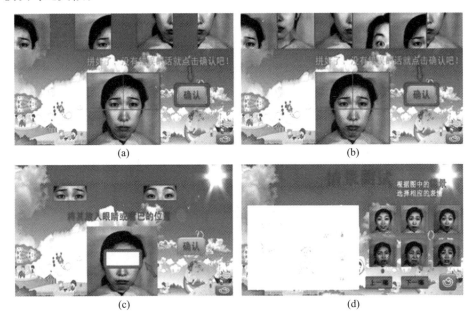

图 5-14 孤独症辅助治疗的交互模式之二

(a)等额碎片拼图界面;(b)差额碎片拼图界面;(c)眼部专项拼图界面;(d)情景测试界面。

6. 情景认知

在情景测试模块中,患儿可按照所给情景及语音故事提示选择相应的表情,如图 5-14(d)所示,该模块设置 3 个难度阶梯,分别是:从 2 种表情中辨识情景中所产生的情绪;从 4 种表情中辨识情景中所产生的情绪;从 6 种表情中辨识情景中所产生的情绪。逐步提高训练难度。以适应病情处于不同阶段的儿童需要。

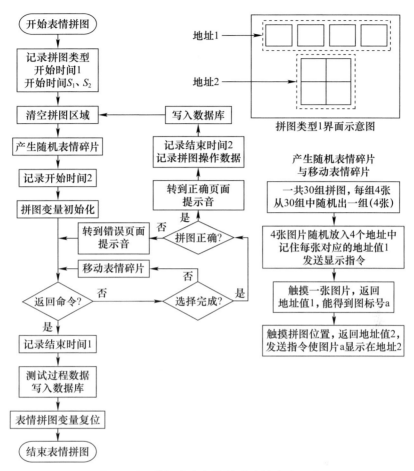

图 5-15 等额碎片表情拼图的模块流程图

5.3.3 量表评估及数据库子系统

量表评估及数据库子系统以 SQL Server 2012 作为数据管理平台,可分为患儿信息管理、医务人员信息管理、量表评估、交互信息记录 4 个模块,如图 5-16 所示。患儿信息管理模块主要对患儿的姓名、年龄、性别等基本信息进行管理;医务人员信息管理模块主要用于根据不同级别设置访问权限,有效地保护患儿隐私;量表评估模块设计如图 5-17 所示,除具备目前用到的儿童孤独症评定量表(Childhood Autism Rating Scale,CARS)和社交反应量表(Social Responsiveness Scale,SRS)外,还预设了孤独症行为量表(Autism Behavior Checklist,ABC)、孤独症谱系障碍筛查量表(Autism Spectrum Screening Questionnaire,ASSQ)和克氏行为量表(Clancy Behavioral Scale,CBS),3 种量表的在线填写功能被后续扩展,该模块用于管理医务人员及家长的第三方评估结果,为日后的数据挖掘、疗效评估等提供有效依据;交互信息模块在患儿登录后其交互训练的反应时间、完成时间、正确及错误率、重复训练次数等多项过程数据都将同步录入数据库中,让医务人员全面了解及掌握患儿在训练过程中体现的问题,以便进行有针对性的辅导和治疗。

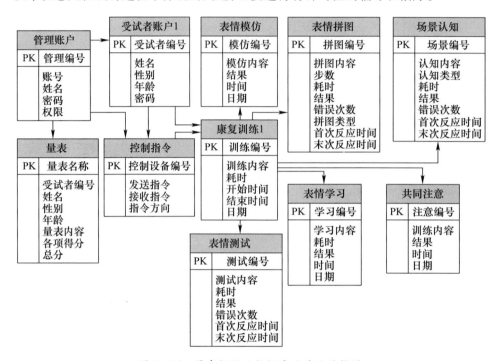

图 5-16 量表评估及数据库子系统结构图

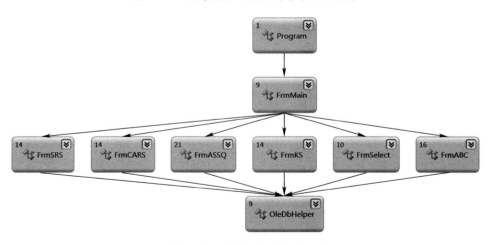

图 5-17 量表评估的模块设计

点击工具栏中的测试管理下拉菜单可看到测试结果查询与管理选项,点击进入,其界面如图 5-18 所示。训练及测试信息存储于数据库中,管理者可通过该界面方便地查看患儿的训练历史记录。查询方式包括:按编号查询,管理者需要在第①部分受试者信息栏填写患儿编号,并在第②部分点击所需查找的训练模式就可找到某患儿某项训练的所有记录,同时也可在第①部分勾选日期查询,填写所需日期,这样就可以查询到该患儿某日的某项训练记录;查询全部,无需选择患儿,直接在第③部分点击所要查询的训练模式,便可得到该模式下所有患儿的训练信息,同时也可在第①部分勾选日期查询,填写所需日期,这样就可以查询到所有患儿某日的某项训练记录;查询结果列表,如第④部分所示,包括患儿编号、模仿内容、训练结果、训练时间及训练日期、操作时间等内容,同时提供将训练结果导出为 Excel 的功能,方便管理者对患儿信息进行存档。

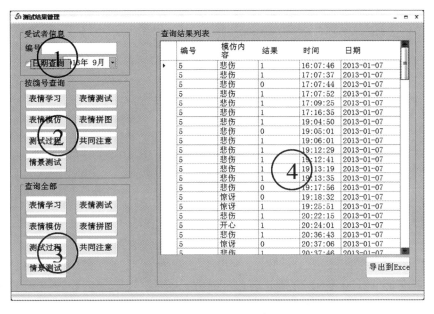

图 5-18　测试结果查询与管理主界面

社交反应量表评估子系统如图 5-19 所示。填写者需按照量表要求,填写患儿姓名、性别、年龄的基本信息,并按照项目要求如实选择患儿现状,最后提交量表,则量表将自动添加时间标签并存入数据库中。管理者可通过点击量表查询选项,查看患儿情况并进行评定,查询方式包括按量表类别查询和按患者查询两种,同时该系统具备时间抽取功能,可按照填写时间精确查找范围。

图 5-19 社交反应量表

5.4 实验与结果分析

5.4.1 实验设计

机器人辅助社交系统疗效研究实验设计方案如图 5-20 所示。选取北京大学第六医院孤独症儿童康复机构训练患儿以及北京大学第六医院就诊孤独症患儿共计 10 例（年龄 5~10 岁，男性 7 名，女性 3 名），随机分为两组（A 组和 B 组），分别由 RSTS（A-1）和孤独症康复训练人员（B-1）进行训练，每周 2~3 次。由经过一致性培训的儿童精神科专业人员在训练第 0 周、第 5 周进行临床评估。两组训练方法进行交换，分别由孤独症康复训练人员（A-2）和 RSTS（B-2）进行训练并在第 10 周进行临床评估，分别比较临床症状改善程度和训练效果。图 5-21 所示为临床交互实验场景。最终，综合比较分析各种康复治疗手段的特点，进行孤独症康复训练手段的有效性研究，得出规范化的康复训练方案。

5.4.2 疗效分析

针对孤独症患者的核心症状——社交障碍，本实验在进行基本智商测定外，采用以下两种专业评定量表对患儿进行基线测评，并在后续各实验阶段评定其治疗效果。

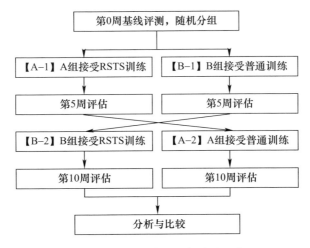

图 5-20 随机交叉比较试验方案

图 5-21 患儿与辅助治疗系统的交互场景

(1) 儿童孤独症评定量表是具有诊断意义的标准化量表,它包括人际关系、模仿、情感反应、视觉反应等 15 个评定项目,每个评定项目包含 4 级评分标准,依次为"与年龄相当的行为表现""轻度异常""中度异常""严重异常"。诊断标准如下:总得分低于 30 分者无孤独症;30~50 分有孤独症(评分为 30~37 分为轻度到中度孤独症患者;38~50 分为重度孤独症患者)。在实验过程中,该量表为孤独症儿童的基线测评提供了统一的标准。

(2) 社交反应量表是孤独症诊断的辅助工具,通过评估儿童的社交能力情况来完成孤独症的常规筛查工作,该量表包括社交知觉、社交认知、社交沟通、社交动力及孤独症行为方式 5 个亚表。量表采用 3 级评分标准,总分为 0~195 分:分数越高,社交障碍程度越严重;分数越低,社交能力越好。本量表为社交能力的评估提供量化标准,便于对于患儿实验前后的社交能力变化进行比较。

本实验按照 5.4.1 节所述,将筛选后的患儿分为两组。A 组患儿年龄的平均值 M 为 7.4,标准差 SD 为 1.20;智商水平的平均值为 93,标准差为 9.32;CARS 平均得分为 45.2,标准差为 5.42;SRS 平均得分为 79.8,标准差为 5.21。B 组患儿年龄的平均值为 7.5 岁,标准差为 1.35 岁;智商水平的平均值为 80.2,标准差为 20.02;CARS 平均得分为 43.4,标准差为 8.91;SRS 平均得分为 82.5,标准差为 7.23。患儿基线测评的详细资料如表 5-3 所列。

表 5-3 患儿基线测评结果

患儿编号	A-1	A-2	A-3	A-4	A-5	M	SD
年龄/岁	5	8	8	9	5	7.4	1.20
智商水平	78	95	101	103	87	93	9.32
CARS	48	37	53	49	44	45.2	5.42
SRS	75	82	73	75	90	79.8	5.21
患儿编号	B-1	B-2	B-3	B-4	B-5	M	SD
年龄/岁	7	7	8	5	10	7.5	1.35
智商水平	53	81	99	53	105	80.2	20.02
CARS	51	35	35	57	38	43.4	8.91
SRS	85	88	91	78	71	82.5	7.23

基线测评阶段,A 组的平均关注成功率为 20%(标准差 7.07%),B 组的平均关注成功率 17%(标准差 8.72%);经过第一阶段训练后,A-1 组的平均关注成功率已达到 48%(标准差 18.78%),B-1 组的平均关注成功率达到 31.4%(标准差 5.57%);经过第二阶段的训练后,A-2 组的平均关注成功率上升到 52.3%(标准差 8.23%),B-2 组的平均关注成功率达到 54.2%(标准差 9.39%)。交互过程中患儿在联合注意训练中成功率的变化情况如图 5-22 所示。从图中可以看出,经过 RSTS 康复训练与专业人员训练后,患儿的关注成功率均有所增长,但在 A-1 组与 B-2 组的成功率增益明显高于 A-2 组与 B-1 组,即相同条件下,较传统治疗模式,在 RSTS 引导下孤独症儿童的联合注意能力提升更为显著。

在实验的不同阶段,医生与监护人共同通过 SRS 完成对于孤独症儿童社会交往能力的评估。基线测评阶段,A 组患儿的 SRS 平均值为 79.2(标准差 5.18),B 组患儿的 SRS 平均值为 82.5(标准差 7.23);经过第一阶段训练后,

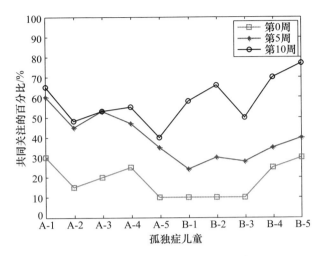

图 5-22 联合关注训练的成功率

A-1 组患儿的 SRS 平均值下降到 74.0(标准差 8.44),B-1 组患儿的 SRS 平均值下降为 81.4(标准差 7.55);经过第二阶段的训练后,A-2 组患儿的 SRS 平均值为 70.0(标准差 7.13),B-2 组患儿的 SRS 平均值为 75.5(标准差 5.50)。由此可见,经过 RSTS 康复训练与专业人员训练后,患儿的社交能力均有所提升,但从评估结果来看,A-1 组与 B-2 组 SRS 平均值下降幅度分别大于 A-2 组与 B-1 组,即相同条件下,较传统治疗模式,RSTS 对于患儿社交能力的改善更为有效。实验证明,在两组实验场景中,通过联合注意与情感学习等交互式训练,孤独症儿童的社会交往能力均得到一定提升。但相比与传统康复训练人员的治疗模式,患儿更为倾向于 RSTS 的康复治疗模式,从而在 RSTS 训练过程中,其疗效改善更为显著。此外,通过对 SRS 评估项目的分析发现,相对于社交动机与孤独症行为方式,集中于社交知觉、社交认知、社交沟通的 42 个项目得分下降较为明显。因此,RSTS 的训练模式更多地侧重于捕捉与理解社交线索并给出相应反应能力的训练,而对于社交活动中的异常情绪及运动行为并无明显改善。

第6章　基于人工心理的人机表情交互系统

人机交互的发展历史,是从人适应计算机到计算机不断地适应人的过程,它经历了早期手工作业阶段、作业控制语言及交互命令语言阶段、图形用户界面(GUI)交互阶段和自然和谐的人机交互阶段。20世纪40年代前,是人机交互技术的萌芽期;20世纪40年代至70年代是准备期;20世纪80年代进入发展期;进入21世纪后,人机交互技术与其他科学不断融合,酝酿着技术创新,它的研究和应用已全面渗入航空航天、通信、计算机科学、兵器、航海、交通、电子、建筑、能源、煤炭、冶金、管理等领域。随着它的不断发展和完善,必将在新一轮科学技术革命中发挥积极的作用。在未来的计算机系统中,将更加强调"以人为本""自然和谐"的交互方式,以此为宗旨实现人机高效合作。

在对于情感决策及联想记忆算法研究的基础上,本章首先针对仿人机器人的机构及功能设计进行阐述,为以上研究的具体应用提供了仿人机器人的物理实验平台;其次,基于心理能量的描述,构建起三维情感空间中的情感调节模型,将多Agent的情感决策与联想记忆算法融入其中,实现人与机器人内外因相结合的心理互动机制;最后,阐述了人机交互实验系统的整体结构,并将本书所建立的情感决策与联想记忆算法应用于仿人机器人平台进行有效性验证。

6.1　仿人机器人的整体设计

6.1.1　仿人机器人的系统结构

基于情感计算、认知理论,具有多通道、多模态人机交互与合作能力的物理型仿人机器人系统如图6-1所示。将仿人机器人系统划分为7个层次:物理层、驱动层、信息处理层、行为规划层、传输层、应用层和系统监控层。

(1)物理层。该层作为交互系统的最底层,直接与环境、交互者和网络中的其他在线设备发生联系。物理层包括仿人机器人所搭载的硬件传感器、网络接口和具有信息采集及处理功能的智能Agent。对于物理型仿人机器人而言,此层还包括舵机、步进电机等执行机构。

(2)驱动层。驱动层位于软件系统和物理硬件层之间,完成仿人机器人软件对硬件设备的驱动。通过对传感器采集信号的变换,将信号转换为软件能够处理的格式,从而实现软件到硬件命令协议的转换,辅助完成上位机软件平台对仿人机器人物理层硬件设备的控制。

(3)信息处理层。传感器信息经过驱动层的转换后,在此层得到后期处理。通过多 Agent 模式识别、感知用户和环境的详细信息,多 Agent 模式识别可以实现用户目的、意图等综合信息的判别。情感信息识别则可以从表情图像信息中获取用户的情感。此后,对交互信息和环境信息进行融合,去除其中包含的噪声和冗余信息,得到推理系统可以处理的标准信息格式。最后,利用多 Agent 情感决策算法,实现推理系统对多种信息的综合推理。在多 Agent 模式识别中,各识别模块功能可以采用分布式的信息处理方法。基于多 Agent 的情绪推理与决策系统模拟人类大脑的逻辑推理和智能决策能力,同时受到情感产生系统和需求模型的影响。因此,一个决策的生成,不但与获得的信息及掌握的知识有关,还与当时的心理状态以及要达到的交互目标有关系。将确定性或不确定性推理及智能决策算法所得到的情感状态输出基于情感特性的情感调节算法相结合,便可实现从标准的交互输入信息到人性化行为输出信息之间的映射。

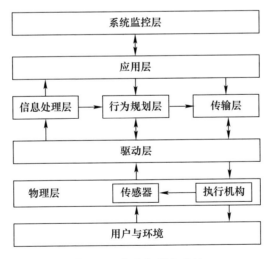

图 6-1 仿人机器人系统

(4)行为规划层。除了根据外界输入信息做出相应的反射行为外,还要根据应用层中用户的设计行为,综合知识库、行为库来规划下一步仿人机器人的行为。反射行为的产生需要一个本能反射规则库支持。规则库包含一些基本的

"感应-行动"规则,这些规则采用"一对一"的形式,不允许有复合推理的形式出现。人体神经系统的调节方式是反射,天生具有的反射称为简单反射,又称为非条件反射,如缩手反射、眨眼反射等都属于简单反射,这是一种比较低级的动作调节方式。此过程不需要经过大脑皮层,只要有脊髓或脑干里的神经中枢参与就可以完成,因此,这种动作中没有逻辑成分。人类还有一种动作称为无意识动作,例如,当一个人无聊时会做一些抖脚、搓手、玩头发等小动作,这些动作是没有经过大脑逻辑思维就可完成的,我们将仿人机器人的无意识动作也在此考虑。仿人机器人接收各种传感器经过初步处理的较原始的交互信息,此信息流可能会有冗余或冲突性质的信息存在。简单反射的主要目标是机器人具有时效地完成简单反射动作,因此,在制定简单反射规则时,可以利用优先级规则来对各种交互信息体进行融合,以便决定当前要执行的交互动作。

(5) 传输层。此层包括多种模型,如视觉关注模型、情感产生系统、需求模型以及学习模型等。在获取用户注意力信息的基础上,关注模型能够计算出用户关注焦点,进而可以使机器人本身与用户保持对同一事物的关注。基于以上章节研究的情感模型,仿人机器人的情感产生系统可以产生自身的情感。同时,以马斯洛的需求层次理论为基础,建立需求模型,以反映仿人机器人自身的需求。结合情感模型与关注模型的输出,进而影响到机器人的输出行为。学习模型则不断地获取机器人自身的输出行为,以及用户信息、环境信息的输入,学习其中的映射关系,不断调整知识库和行为库,使仿人机器人表现出动态的学习能力。

(6) 应用层。研究者可以利用开放的接口在这个层面上进行多方面的研究。在这一层,我们现在主要进行仿人机器人的情感模型和人机交互与合作的研究,建立仿人机器人的服务模式,并进行仿真与调试。

(7) 系统监控层。目前,仿人机器人还达不到完全自主的控制模式,因此,用户对系统整体的运行情况进行监控是必要的。该层不参与具体的任务和行为规划。除了为用户提供仿人机器人运行状态的信息外,当系统发生故障时,由系统监控层通知用户处理这种异常、冲突和死锁。用户能够改变任务的执行状态(挂起、终止或执行)或改变机器人的运行模式等。在某些情况下用户还可以通过监控层直接控制机器人完成期望的任务。此外,机器人还可以利用运行环境和状态信息,以不得伤害人和保护自身安全为目的,在一定程度上实现模块的自组织和自诊断功能。

6.1.2 仿人机器人的机构设计

心理学家发现,在人类情感交流的过程中,语言占6%、语音语调占38%,而说话人的表情所传递的情感信息占55%,因此,要设计一个用于情感交互的仿人机器人,机器人的头部是关键的组成部分,它可以通过表情表达出机器人内在的情感状态,最终使仿人机器人能够与人进行自然流畅的情感交流。既然如此,所要设计的情感机器人头部,就必须满足下面的要求。

(1) 友好的人机界面。该仿人表情机器人具有与真实人物极为相似的头部形象,使人在与机器人对话时拥有良好的第一印象。

(2) 机械零件要大小适当,机构简单灵活,质量较小,机械惯量小,机械结构的运动幅度要与人类的头部特征基本相似。要在有限的空间里放置足够多的机械零件来实现多自由度协调运转,机械零件设计至关重要。

(3) 和谐的人机交互模式。仿人机器人的人机交互由被动的人机交互功能和主动的人机交互功能组成,可以分析出交互者的位置和情感,并能采取相应的情感方式进行表达和输出。

设计情感机器人的头部,首先,从情感机器人整体结构出发,在考虑机构的运动学、动力学和控制系统、驱动系统和传感器需求的前提下,进行表情机器头的总体方案设计。其次,参照 FACS 编码系统和真实人物的情感表达特点为机器人设计头部动作单元,仿人机器人的动作单元和自由度如表6-1所列。

表6-1 仿人机器人的动作单元和自由度

部位	运动机能	自由度
眼球	上下及左右转动	4
眼睑	闭合、张开	2
眉头	挑眉、皱眉	2
嘴角	左右嘴角的拉动	2
下颚	张嘴、闭嘴	1
颈部	摇头、点头	2
嘴唇	说话时的嘴唇微动	1
自由度总计		14

情感机器人头部(也可称为表情头)的制作大致可以分为以下4个步骤。

(1) 三维机械结构的设计。

(2) 机械结构的加工及装配,为了保证重量和强度的要求,大部分零件采用硬铝(LY12)材料。

(3) 玻璃钢外壳及眼球、眼睑的安装固定。

(4) 硅胶外皮的制作安装,面部表情动作的设计,头发、睫毛、眉毛制作安装,眼球上色及脸部的化妆。整个结构制作过程如图6-2所示。

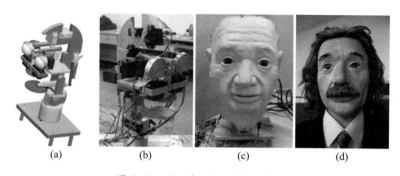

图 6-2 仿人机器人结构及外形

(a)三维结构;(b)机械结构;(c)外形结构;(d)仿人机器人。

6.1.3 仿人机器人的功能模块

本研究所开发的仿人机器人平台包括如下主要功能模块,如图 6-3 所示。

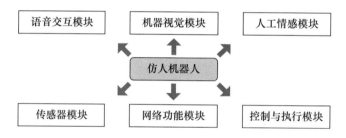

图 6-3 仿人机器人的主要功能模块

(1)语音交互模块。语音交互包括语音识别和语音合成两方面,语音识别是通过软件提取用户的语音信息,并将之转化为软件可识别的二进制机器语言。目前,设计中使用的是 Pattek ASR 提供的识别引擎和科大讯飞公司的 XF-S4240。语音合成软件可以将字符信息通过 TTS(Text To Speech)转化为用户可以听懂的语音信息。语音识别和语音合成都在语音交互模块中实现。

(2)机器视觉模块。对由视觉传感器得来的数字图像进行预处理,使计算机能理解图像的意义。对于仿人机器人而言,就是需要使其能把人和其他景物区分开来,成功捕捉人脸并识别其表情。人脸自动识别系统包括两个主要技术环节,人脸检测与定位、特征提取与人脸识别。

(3)人工情感模块。在情感心理学理论的基础之上,按照以上章节的定义描述情感的数学空间,在此空间里,采用数学理论方法,构造可计算的情感理论与方法,使之能够模拟人类的情感产生、变化、转移,并使之符合人类情感变化的规律,满足家庭环境里人类情感的需求。

(4) 传感器模块。通过普通摄像头、三维摄像头、红外传感器、超声传感器、话筒等多个模块感知外部环境信息。普通摄像头用于采集用户表情信息,通过上位机进行图像处理后,使仿人机器人具有人脸识别的功能。三维摄像头采集用户人眼信息,为获得用户注意力做准备。话筒将语音传递给上位机,上位机对语音信号进行语音的情感特征提取和语义分析,得到输入语音的情感和语义。红外和超声传感器具有感应机器人周围是否有障碍或者是否有人员靠近的功能,将探测到的信号传输给下位机系统,下位机系统经过处理后通过 RS-232 传递给上位机系统。上位机系统将从交互者采集来的图像信息、语音信息与外部环境信息通过多 Agent 的方式进行融合,然后将其与机器人的自身情感状态相结合,产生机器人的情感输出决策,并将情感表达指令下达给机器人的表情与语音合成模块。下位机系统通过 PWM 控制电机运动产生面部表情。上位机经过语音合成后通过音响向人类表达机器人的语言。情感机器人的语音和表情共同构成了情感机器人的情感表达。

(5) 控制与执行模块。选择体积小、质量小、经济实用的舵机作为仿人机器人平台使用的主要电机元件,其备选型号为 HG14-M 和 GWS MICRO 2BBMG。整个电控系统采用了上下位机结构,上位机采用 PC 机,主要优点是速度快、各种外部接口设备多、存储空间大。上位机主要负责运算量大、计算复杂的图像处理、语音识别和语音合成工作。下位机采用性价比高的 PIC16F866 单片机,上位机和下位机通过 RS-232 串口或者无线模块进行连接通信。下位机主要负责传感器信息接收、信息初级处理、电机驱动和运动控制等工作。

(6) 网络功能模块。该模块负责初始化仿人机器人的网络连接并与智能家居网络中的其他设备进行通信。

6.2 空间中的心理能量

6.2.1 空间中情感状态的描述

仿人机器人的情感状态可以定义为 $S = \{s_1, s_2, \cdots, s_n\}$,其中包括平静、喜悦、欢乐、轻松、惊奇、温和、依赖、无聊、悲伤、恐惧、焦虑、藐视、厌恶、愤懑、敌意,共 15 种典型情感状态。经量化后的情感状态可以用 PAD(Pleasure-Arousal-Dominance)三维空间中的点来表示,仿人机器人将具备以上情感状态,并在外界刺激的作用下,在此典型情感集中进行情感调节。考虑到交互者在人机交互中以表情形式输入的外界刺激,定义外界刺激状态空间 $W = \{w_1, w_2, \cdots, w_m\}$,外界刺激的情感类型包括愤懑、厌恶、恐惧、欢乐、惊奇、悲伤和平静 7 种典型情绪状态,因此,$m = 7$。

6.2.2 空间中心理能量的定义

心理能量包括两种基本形式。

(1) 在适当的条件下自发产生的自由心理能量 E_η。

(2) 在外界刺激作用下产生的受约束的心理能量 E_λ。生理心理学研究表明,心理状态与生理状态紧密相关。从而可知,总心理能量:

$$E = E_\eta + E_\lambda \tag{6-1}$$

式中:$E_\eta = \alpha E$,$E_\lambda = \beta E$,这里定义心理唤醒度 $0 \leq \alpha \leq 1$,心理抑制度 $0 \leq \beta \leq 1$,且满足 $\alpha + \beta = 1$。从而得到情感能量,如下所示:

$$E_p = E_\eta + \kappa E_\lambda = (1 + (\kappa - 1)\beta)E \tag{6-2}$$

式中:心理的情感激发参数 $\kappa \in [0,1]$。

在 PAD 情感状态空间中,情感状态以存在于空间中的点的形式进行描述,每种情感状态有 3 个自由度,总心理能量可以通过相对于各方向的情感势能之和表示:

$$E = Ig(p + a + d) \tag{6-3}$$

式中:I 为情感强度,g 为情感系数。从式(6-3)可以看出,总心理能量与情感的激发强度及情感的空间位置有关。正向情绪状态所具备的心理能量为正值,也就是心理学中的正能量,负向情绪状态所具备的心理能量为负值,与心理学中负能量的概念想对应,随着情感强度的增加,愉悦度、激活度和优势度越强的情感状态,其情绪能量的变化幅度越大。

6.3 机器人的表情调节

6.3.1 机器人的情感调节

在 PAD 情感状态空间中,空间位置标定了情感状态的类型,如果机器人的当前情感状态与外界刺激情感状态不同,则机器人下一情感状态的位置将会改变。愉悦度、激活度和优势度分别代表着情感状态的三维基本特征。下一情感状态可能出现的位置不仅与当前机器人的情感状态有关,还与外界刺激情感状态息息相关,因此,可以通过空间向量的余弦相似度的比较将当前情感状态与外界刺激状态关联起来,判断机器人下一情感状态可能出现的位置,进而判断机器人下一情感状态的种类。假设当前情感状态的特征向量为 $s_i(p_i, a_i, d_i)$,$i = \{1,$

$2,\cdots,n\}$,外界刺激情感的特征向量为 $w_j(p_j,a_j,d_j)$,$j=\{1,2,\cdots,n\}$,任一可能状态 $w_r(p_r,a_r,d_r)$,$r=\{1,2,\cdots,n\}$,其中,$i\neq j\neq r$。在发生情感状态转移时,从当前情感状态指向下一情感状态的向量为 $\boldsymbol{T}_1=(p_j-p_i,a_j-a_i,d_j-d_i)$,从当前情感状态指向任一可能状态的向量 $\boldsymbol{T}_2=(p_r-p_i,a_r-a_i,d_r-d_i)$,从当前刺激情感状态指向任一可能情感状态的向量 $\boldsymbol{T}_3=(p_r-p_j,a_r-a_j,d_r-d_j)$。可得到余弦相似度为

$$\theta_r = \arccos(\boldsymbol{T}_1,\boldsymbol{T}_2) + \arccos(-\boldsymbol{T}_1,\boldsymbol{T}_3) \qquad (6-4)$$

仿人机器人的下一情感状态位于点 $s_{\text{next}}(p_x,a_x,d_x)$,$x\in r$ 且 $\theta_x=\min\theta_r$。如果当前情感状态与外界刺激情感状态相同,则机器人的情感类型不发生变化,此情感的强度增加。

6.3.2 情感状态的强度

心理学家 Larsen 认为控制相应可以模仿动态的情感调节过程。当某种情感被激发时,这种情感的强度将瞬时达到最高点并在自我保护机制下处于波动状态,最终,情感状态的强度将逐渐趋于平稳。因此,我们用二阶微分方程来模仿情感被激发后的变化过程:

$$T\frac{\mathrm{d}^2 M_o(t)}{\mathrm{d}t^2} + \frac{\mathrm{d}M_o(t)}{\mathrm{d}t} + KM_o(t) = KM_i(t) \qquad (6-5)$$

式中:$M_i(t)$ 为刺激情感的强度;$M_o(t)$ 为机器人下一情绪状态的情感强度;T 为情感状态调节的时间常量;K 为无情绪反馈的开环强度增益。

当刺激情感与机器人的当前情感状态不同时,情感强度调节系统为零状态响应过程。此外,机器人在个性因子的控制下可以面向不同需求的用户产生情感调节过程。在不同个性因子控制下的情感状态强度激活过程。在外界刺激发生后,机器人的情感状态并非陡然增加到特定值,而是模仿人类的心理应激反应及响应时间特性,在短时间内到达情感强度的顶峰,并随着时间的迁移,逐渐接受及适应外界刺激,在情感强度的小幅波动过程中逐渐趋于稳定,对此外界刺激产生稳定的认知;此外,根据性格的不同,对于外界刺激的响应程度及趋于稳定的时间也存在一定差异。然而,当外界刺激与机器人的当前情感状态相同时,则可用全状态响应进行模拟。

6.3.3 情感强度的衰减

在 PAD 三维情感状态空间中,其坐标轴优势度是与情感表达相关的一种特性,因此与情感强度的衰减有关。换而言之,情感强度的衰减受到优势度坐标值

d 的影响。此外,情感强度还会随时间的迁移而逐渐减弱。情感强度衰减的指数变化规律,如下所示:

$$I = I_0 \exp(-|d|T) \quad (6-6)$$

式中:I 为随时间变化的情感强度;I_0 为情感的初始强度;T 为持续的时间长度。从式(6-6)中可以看出,不同情感状态随时间的衰减速度并非相同而是存在一定差异的,其优势度越高,则衰减速度越快。

6.3.4 仿人机器人的情感表达

情感被不断地唤醒并由机器人自身产生不同的情感体验。许多情感学家认为,面部表情是情感反应的核心环节,因此,面部情感表达被用于人与机器人的交互过程中。图 6-4 所示为本研究所定义的面部特征点。

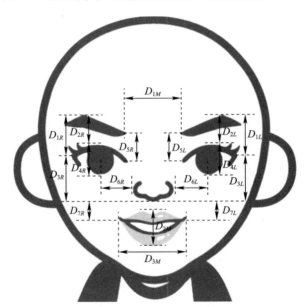

图 6-4 仿人机器人面部特征点示意图

其中,$D_i(i=1M,2M,3M;1L,2L,\cdots,7L;1R,2R,\cdots,7R)$ 为特征点间的距离。机器人的情感能量不仅与所要表达的情感类型相关,还与所要表达的情感激活程度有关,而能量值 E 又对机器人的情感表达产生影响。机器人对于低能量值的情感状态具有较好的抑制作用,而对于高能量值的情感状态则会加强其内心情绪的表达幅度。假设机器人的标准动作幅度为 Ω,则实际动作幅度为

$$\Omega' = \frac{1 + \ln(1+|E|)}{2} \times \Omega \quad (6-7)$$

6.4 系统设计实验

6.4.1 人机交互管理系统设计

人机交互管理系统是人与机器人表情交互平台的重要组成部分,同时也充当服务器的功能,主要负责与机器人的通信、机器人控制、图像处理和数据管理等任务。系统主要由系统登录、用户管理、交互者管理、交互数据管理、通信指令管理、数据库操作、图像处理、语音、通信等功能模块组成。具体规划如下。

(1)系统登录模块。主要负责系统的安全,控制用户的使用权限,以确保每次的测试都是由合法用户进行的,同时保证测试数据的真实性。系统登录界面如图 6-5 所示。

图 6-5　系统登录界面

(2)用户管理模块。负责登录系统的用户信息管理,记录用户的相关信息,设置用户的使用权限,便于管理员调整系统用户。用户管理界面如图 6-6 所示。

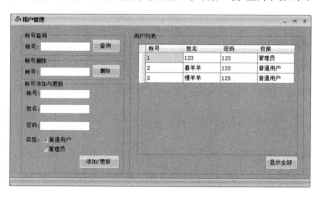

图 6-6　用户管理界面

（3）交互者管理模块。负责记录参表情交互的交互者个人信息。交互者管理界面如图 6-7 所示。

图 6-7 交互者管理界面

（4）交互数据管理模块。负责记录测试过程中的各项数据信息，便于后期对数据的分析处理。

（5）通信指令管理模块。负责管理系统与机器人的通信指令，便于开发过程中系统通信的调试和修改。指令管理模块实现过程为新建 Windows 窗体文件 FrmInstructionM.cs，主要用来对通信指令的管理。

（6）数据库操作模块。负责系统运行过程中各模块与数据库间的交互。此模块可提供不同形式的数据集，以满足系统需求。数据库采用 3 层构架形式，其关系如图 6-8 所示。

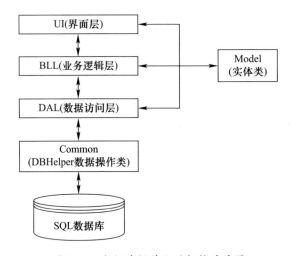

图 6-8 数据库操作 3 层架构关系图

（7）图像处理模块。负责在交互过程中图像的采集、压缩和存储，便于后期图像数据的二次利用。

（8）语音模块。根据需求,对操作进行提示,或者为结果提供语音反馈。

（9）通信模块。负责本系统与机器人的串口通信,两者均可以进行数据或指令的双向传输。

6.4.2 人机表情交互的情感计算构架

在仿人机器人的整体设计基础上,搭建起基于联想记忆与多 Agent 情感决策相结合的情感计算构架进行后续的人机表情交互实验,如图 6-9 所示。该人机交互软件平台采用 C++ 编程语言进行开发,数据库采用 SQL Server。首先,从交互者的表情中采集外界刺激情感状态；其次,从实验室已搭建的智能家居环境中采集温度、湿度等环境参数,作为多 Agent 情感决策的外部环境影响因子；再次,与机器人当前情感状态与联想记忆能力相结合,将交互者情绪状态、机器人自身状态、环境变化参量相融合,形成情感决策的输入,并将智能决策结果输入到 PAD 三维情感空间中,根据情感自身的激发、衰减特性模拟机器人的情感调节过程；最后,机器人以语音及表情的形式实现内在情绪的表达,从而形成交互者、环境、机器人相结合的闭环交互回路。

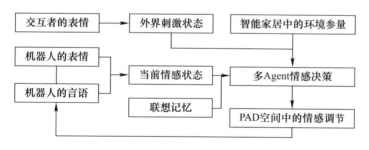

图 6-9 人机表情交互的情感计算构架

6.4.3 仿人机器人的情感表达与控制

仿人机器人通过各种交互感应器获取周围的环境状态信息,并经过简单反射决策,输出一种简单的反射动作。然后再通过上层的多 Agent 信息融合输出符合智能决策层处理规则的准确信息。智能决策层根据当前心理状态进行联想记忆,并通过当前交互任务调用规则知识库输出较复杂、有目的的交互行为。最终通过自身的行为表达对外部交互刺激的反应。本仿人机器人的控制体系结构如图 6-10 所示。

为了验证人机交互过程中算法的有效性,我们将其应用于仿人机器人平台中。首先,判断上位机控制者(即交互者)的表情情感类型、强度,并在 PAD 情感

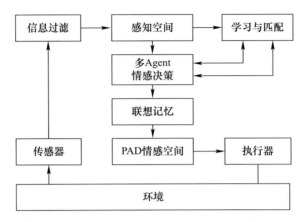

图 6-10　基于人工情感的仿人机器人控制体系结构

状态中对其进行标定,作为外界输入刺激。其次,结合环境参量与多 Agent 的情感决策结果模拟机器人的心理能量的变化过程。最后,输出脉冲信号为 14 个舵机来实现机器人自然的情感表达过程。

在不同的外界环境及情绪状态刺激下,仿人机器人在人机交互中所表现出的不同情绪状态。当在温度 20℃、湿度 20%、光照不充足的环境下,仿人机器人处于平静状态时,交互者输入惊讶的情感状态刺激,仿人机器人将表现出略带惊讶的表情,眼睛盯视交互者,而后视线方向逐渐向下方转移,呈现思考状。随着时间的迁移,机器人的惊讶情绪逐渐减弱,并在安逸的情况下逐渐处于低激活度的欲睡状态。当在温度 10℃、湿度 20%、光照充足的环境下,仿人机器人处于平静状态时,交互者输入惊讶的情感状态刺激,仿人机器人将表现出十分惊讶的表情,眼睛盯视交互者,而后表情强度逐渐减弱,呈现思考状,随着时间的迁移,机器人的惊讶情绪逐渐减弱,同时机器人的唤醒度逐渐警醒增强。

第 7 章　基于人工心理学的个人机器人平台

由于有情感的个人机器人系统具有相当的复杂性,既需要技术上的可实现性,又需要系统的情感模型及算法。所以其完全实现是一个较长的不断积累、不断完善的过程。在本章的研究中,我们已经初步地建立起一个命名为 APROS - I 的服务机器人(比个人机器人更加广泛的一类情感机器人)的研究平台,并已实现了通过头部与面部的表情来表达情感。在本章中我们将讨论一下该机器人系统的一些基本问题。

7.1　概述

7.1.1　个人机器人技术的发展

从 1959 年世界上第一台工业机器人诞生开始以来,机器人以其迅猛的发展速度,形成了种类繁多的机器人大家族。特别是随着现代科技的迅速发展,机器人正在经历着一个从初级到高级的飞跃,它正沿着达尔文的"进化论"逐渐发展自己、壮大自己、完善自己。从产业应用到进入人们的生活,从单纯的任务作业到为人类提供各种服务,其应用领域日益扩大。

相对于已经相当成熟的工业机器人来说,服务机器人是近年来出现的机器人学研究的一个新领域。仅仅从字面上理解,各种可以直接或间接为人类服务的机器人都属于服务机器人的范畴。但到目前为止,国际上对服务机器人也还没有一个权威性的定义。

国际机器人联合会提出"服务机器人是一种半自主或全自主工作的机器人,它能够完成有益于人类健康的服务工作,但不包括从事生产的设备。"

德国生产技术与自动化研究所对服务机器人的定义为:"服务机器人是一种可以全自主或半自主地为人类或设备提供有用服务的机器人。"其他国家的科学家对服务机器人的定义又与上面两种定义不尽相同。

公共服务机器人的范围最为广泛,只要能够为公众或公用设备提供服务的机器人都属于服务机器人。例如,在展览会会场、办公大楼、旅游景点为客人提供信息咨询服务的迎宾导游机器人,在建筑物内或居民区内进行自动巡视的保安巡逻机器人,加油站里的自动加油机器人,高楼擦窗和壁面清洗机器人,飞机清洗机器人,下水道清洗机器人,不停电状态下更换绝缘体的高空作业机器人等。此外,还有机器邮递员以及用于多种用途的自主移动机器人平台,它们可在办公室内部传递信件或其他物品。

为家庭和个人提供各种服务与娱乐的服务机器人,即家庭或个人机器人的发展也非常迅速。最著名和最典型的恐怕应该说是索尼公司的 AIBO 狗(图 7-1(a))。这不仅是因为它拥有先进性能和高品质,还在于它是第一个实现规模商品化的宠物机器人,为研究有社会交互能力的机器人及相关的研究打开了想象的空间。从这以后,大量的宠物机器人不断涌现,它们大多拥有的共同特点是:对外界刺激有反应能力,能同人进行生动的交流,这种交流除了语言,还有面部表情、语调和身体姿态等。

另外一个有较高性能的家用机器人是 NEC 公司开发的 PaPeRo(图 7-1(b))。PaPeRo 有听觉、视觉,是个有个性、有表情的小型机器人,是一个可以与之一块生活、能记住家人的喜好、让每个人都能在不知不觉间享受 IT 所带来的好处的"伴侣",是 NEC 公司开发的"未来家庭的无键盘计算机"。

(a)　　　　　　　(b)

图 7-1　情感应用系统
(a)AIBO 狗;(b)PaPeRo。

PaPeRo 具有散步模式和对话模式,在没人与之对话时进入散步模式,可以在房间随意散步,而在看到有人时即进入对话模式,可与人交流。PaPeRo 约能识别 650 个单词,能说 3000 句话,能辨认人脸。可以不需操作键盘,一边与之对话,一边进行许多其他的工作,如上网、收发邮件、接收信息、让它自动传达必要的信息等;利用它的摄录像功能,在家庭成员间传话;能够与人猜谜语、跳舞、叫人起床、遥控电视等。

如果对上述技术加以发展,将来的 PaPeRo 可以用来作为家庭网络、家庭安全系统等的接口;照看老年人,与远程医疗系统及残障人照看系统连接;作为一种教育工具,可以与孩子一边游戏一边学习、提问等,具有各种广泛用途。NEC

公司计划利用 PaPeRo 在各种不同的场合进行技术方面及机器人与人的关系方面进行试验、评价,并拓展其各种各样的可能性,以家用机器人为目标谋求进一步的发展。

7.1.2 个人机器人的相关技术

机器人是将各种技术综合为一体的高科技人工机器,下面介绍个人机器人中的关键技术。

(1) 传感技术。像人的"眼、耳、鼻、舌、皮肤"一样,使个人机器人具有视觉、听觉、嗅觉、味觉、触觉等感觉功能,通过这些传感器机相应的处理电路,可以把外界的各种信息转换成数字信号存储在计算机中,为后续的处理做准备。

(2) 语音识别技术。对由传感器得来的语音信号进行处理,以判别"说话者是谁"或"说话的内容是什么",利用这一技术可以让计算机听懂人的话,并作出正确反应。它可分为非特定人语音识别系统和特定人语音识别系统。

(3) 语音合成技术。要求根据文字资料等内容,拼读成语音信号,使人们通过"听"就可以明白信息的内容。语音合成技术,则使计算机具有了"说"的能力,能够将信息"读"给人类听。利用语音合成技术可以使个人机器人通过说话表达它的意愿和情感,与语音识别技术结合起来,就可以使个人机器人与人类交谈。

(4) 图像识别技术。对由视觉传感器得来的数字图像按一定的算法进一步处理,使计算机能理解图像的意义。对个人机器人来说,就是要使其能把人和其他景物区分开来,能识别人脸,能识别人的表情。

(5) 通信技术。实现网络功能和机器人之间的交互功能。

(6) 计算机技术。计算机就像人的大脑和神经系统一样构成个人机器人的核心部件,承担信息采集、处理、存储、计算等任务,个人机器人所具有的智能和情感都需要计算机根据人工智能和人工心理等有关理论及模型进行计算才能获得。可以采用单片机技术或基于 PC 的嵌入式系统。

7.1.3 APROS-I 型服务机器人实现的功能

1. 机器人基本功能

(1) 具有轮式走行机构,控制性能好,灵活机动,速度快,可靠性高。

(2) 具有双目视觉或全景视觉,可以实现目标识别、目标定位、目标跟踪。

(3) 具有远、近距离障碍检测,机器人避障、避碰功能。

(4) 具有语音交互功能；能够进行语音问答,通过语音识别、接受指令,执行动作,或是通过语音合成技术进行应答。

(5) 具有触屏交互功能,机器人通过 LCD 进行应答内容的提示和系统状态的显示,人们可通过触屏发指令,或确认交互的信息。

(6) 具有无线网络交互功能,通过无线网络通信,可以在其他计算机上发出指令,读取机器人传感器信息,观察机器人状态(位置、速度等),实时显示视觉图像,以便监视机器人的运行。

(7) 交互者还可以使用手机控制机器人。

2. 机器人高级功能

(1) 机器人可以完成仿人上肢和躯体的动作,包括两臂前摆、外摆、大臂前摆、小臂伸曲、转腕、摆手、哈腰、转腰等基本动作,同时可以在此基础上完成组合复杂动作。

(2) 具有机器头面部表情,能够实现丰富的仿人表情行为,以便更好地表达机器情感,包括机器人的摆头、点头、眨眼、嘴的张合、面部肌肉运动、眼眉眼睑的运动、转动眼球等基本动作。

(3) 能实现多种行为的协调运动,包括语音合成、肢体、躯体、头部等行为协调运动,这些行为可以是有意识的,也可以是无意识的。所谓有意识行为,就是单纯的动作命令,如完成敬礼、双臂齐舞、哈腰、表情动作表演等命令式行为。所谓无意识行为,就是在人机交互过程中产生的动作行为,如说话过程中的口型对应、轻微摆臂动作、眨眼等。

(4) 机器人能够实现人脸、人体检测,能够完成面部表情识别和视线跟踪等。

7.2 运动系统组成结构

运动系统是构成机器人的结构的基础部分,各种智能型任务以及机器人的各种表情(面部表情、肢体表情)的产生、情绪表达,除了需要相应的决策算法以外,最终还需要各种运动系统来完成。图 7-2 是我们构建的 APROS-I 型服务机器人的原型系统外形结构。APROS-I 的运动系统主要包括移动运动系统、躯体上肢运动系统以及头部运动系统。

7.2.1 移动运动系统

APROS-I 服务机器人首先是一个移动机器人,通过机器人小车实现自主运动。本系统采用双电机分别驱动左右两轮的方式,如图 7-3 所示。除了分布

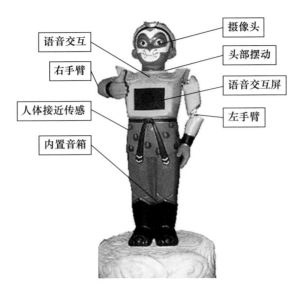

图 7-2　APROS-Ⅰ型机器人原型系统外形结构

在车体前端左右两侧的主动轮外,在车体后端中部安装一个万向支撑轮以保持行进当中车体的平衡。驱动电机采用带有编码盘的直流电机,通过驱动电路,采用 PWM 脉宽工作方式,实现对直流电机的闭环调速。

通过改变左右驱动电机的转向与速度,便可改变机器人小车的运动方向,如图 7-4 所示。

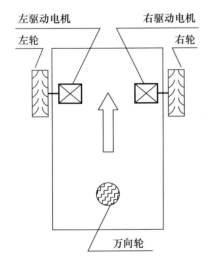

图 7-3　机器人小车动力驱动示意图

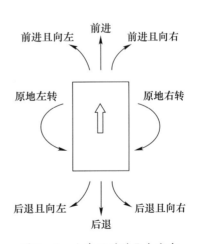

图 7-4　小车运动的 7 个方向

7.2.2 机器人躯体、上肢运动系统

该部分由 13 个电机及其连接件构成,如图 7-5(a)所示,每个电机即相当于一个关节,该机器人手臂共有 10 个自由度(左、右臂各 5 个),身体有 3 个自由度。可实现机器人的两臂前摆、外摆、大臂前摆、小臂伸曲、转腕、摆手、哈腰、转腰等基本动作,机器人动作展示如图 7-5(b)~(d)所示,每个电机的代表的关节及其运动方式如表 7-1 所列。

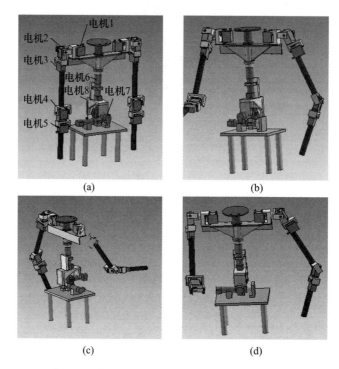

图 7-5 机器人肢体、躯体结构与上肢动作展示

(a)机器人肢体结构;(b)上肢动作展示;(c)上肢动作展示;(d)上肢动作展示。

(1) 有意识行为。所谓有意识行为,就是单纯的动作表演,如完成敬礼、双臂齐舞、抓取特定位置的物体等命令式行为。

(2) 无意识行为。所谓无意识行为,就是在人机交互过程中产生的动作行为,如说话过程中的口行对应、轻微摆臂动作、眨眼等。

鉴于无意识行为动作的身体多部位的联动复杂性,可以将头部、腰部、肢体使用 3 个处理器分别控制。这样容易完成组合动作和动作序列的模块化。动作组合在上位机上完成。

表 7-1 电机安置部位

电机名称	关节	动作
电机 1	肩关节	大臂回转
电机 2	肩关节	大臂张开
电机 3	肩关节	大臂转动
电机 4	肘部	小臂屈伸
电机 5	肘部	小臂转动
电机 6	腰部	腰部回转
电机 7	腰部	身体左右摇摆
电机 7	腰部	身体前倾后倾

为了进行机器人腰部姿态控制,我们在腰部支撑底盘和腰部旋转托盘上分别埋有红外发射和接受器,如图 7-6 所示。为了能够描述机器人腰部的姿态位置,将 170°旋转进行了 6 等分,这样就需要在 7 个不同的位置埋有能够区分它们之间不同的传感器。这里我们引入数字电路的概念,n 个开关量可以表示 $2n$ 个不同的状态。

因为有 $2n-1 \geqslant 7$(这里 $00\cdots0$ 是无效状态),则 $n=3$,所以同心圆为 3。在腰部旋转托盘的 3 个同心圆上安放 3 个红外接受传感器。根据不同的需要,还可以将机器人的腰部姿态进行再细分。

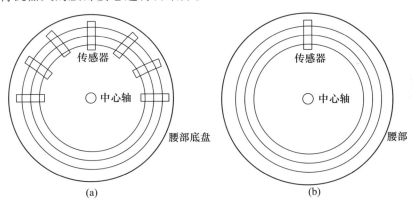

图 7-6 腰部传感器安置
(a)腰部支撑底盘;(b)腰部旋转托盘。

7.2.3 机器人的头部运动系统

1. 人脸面部肌肉的分布

根据人体解剖学,人脸面部的组成可分为 3 层:骨骼层、肌肉组织层、皮肤层。面部的骨骼决定了人的面部的形状和大小特征。皮肤层是人脸面部表情可以表现的物质载体。表情产生的内在驱动力则由肌肉组织层产生的。

人面部的主要肌肉群分布如图7-7所示。

(1) Frontalis,收缩时提升眉毛。

(2) Corrugator,收缩时使眉毛向里和向下运动,实现如皱眉这样的表情。

(3) Levatorpalpebrae,收缩提高上眼帘。

(4) Levatorlabiisuperioris,从鼻子基部一直延伸到上嘴唇的中间,单独收缩产生轻蔑的表情。

(5) Zygomaticmajor,收缩是嘴角向斜上方,产生微笑的表情。

(6) Risorius 收缩时使嘴角向两旁和下移动,如在哭泣时。

(7) Depressorlabiiinferioris,说话时,把下嘴唇往下拉。

(8) Mentalis,收缩时,把下巴往上拉,产生努嘴的效果。

2. 人脸表情编码系统

心理学研究表明,人脸能够产生大约55000种不同的表情,其中有30多种能够用人类自然语言词汇区别开来。面部表情的丰富性促使了多种表情记述方法的出现,其中常采用Ekman和Friesen提出的面部运动编码系统(FACS)中定义的动作单元(AU)来描述面部表

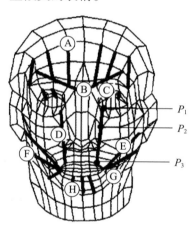

图7-7 肌肉模型

情,每一AU都是由面部的一束或几束肌肉伸缩产生,同时每一表情可表示为若干个共同AU作用的结果。表7-2表明了部分动作单元与肌肉运动之间的关系。

表7-2 动作单元与面部肌肉的对照

动作	肌肉基向量	运动单元集
上拉嘴角(颧部提高)	主颧肌、眼部轮匝肌	AU6(提高颧部)
后拉嘴角	主颧肌、颊肌	AU12(拉动嘴角)
上提上嘴唇	上嘴唇肌肉	AU10(提高上嘴唇)
下压嘴角	降口角肌	AU15(嘴角下压)
上提下巴	骸肌	AU27(上提下巴)
下拉下巴	下巴动作肌	AU26(下拉下巴)

续表

动作	肌肉基向量	运动单元集
唇瓣	降唇肌	AU25(唇分开)
放松上嘴唇	口轮匝肌	AU25(唇分开)
鼻根收缩	降眉肌、提唇肌	AU9(收缩鼻子)
提升或下拉眉毛	额肌	AU1(提升眉毛) AU4(下拉眉毛)

FACS 中定义了基本的,加上说话时的面部动作,可以产生出任意的表情。研究表明,存在着 6 种基本表情,即高兴、悲伤、惊奇、恐惧、愤怒和厌恶;其他的任意表情都可表示为此种基本表情的组合。这 6 种基本表情所对应的 AU 组合如表 7-3 所列。

表 7-3 基本表情所对应的 AU 组合

表情	愤怒	厌恶	恐惧	愉快	悲伤	惊讶
AU 组合	AU4+9+27	AU12+4+19	AU1+12	AU12+6	AU1+15	AU1+26

3. 机器人面部表情

基于上述 FACS 中定义的 AU,我们设计了机器人头部结构如图 7-8 所示,可实现机器人的摆头、点头、眨眼、嘴的张合、皱眉、转动眼球等基本动作。根据人的面部特征用硅胶做一个机器人面皮,把记忆形状合金根据人体面部肌肉的分布布置在面皮下,以实现肌肉的拉动效果,可以模拟脸颊运动、上拉嘴角、后拉嘴角等动作。

表情的产生过程可以简单地认为是由肌肉向量产生伸缩变化,并且这种变化被传递作用到皮肤层,使得皮肤表面产生形变,从而形成表情。每一条肌肉向量都是一端附着于骨骼上,另一端嵌入皮肤软组织中。在肌肉进行伸缩产生表情的过程中,附着于骨骼上的点不发生位置的改变,而嵌入皮肤软组织中的点位置改变量最大,其他中间点的位移由非线性插值产生。在这里我们控制舵机的运动来模拟肌肉的运动,舵机本身被固定在头骨上,通过舵机轴带动其机械结构来引起机器人头部面皮的位置变化而产生表情。

机器人的面部表情可以表示为

$$E_x = \{S_1 \quad S_2 \quad \cdots \quad S_i \quad \cdots \quad S_n\} \qquad (7-1)$$

式中:E_x 为机器人的面部表情;n 为形成机器人面部表情的动作序列个数;S_i 为动作序列中的第 i 个暂态,它又可以表示为

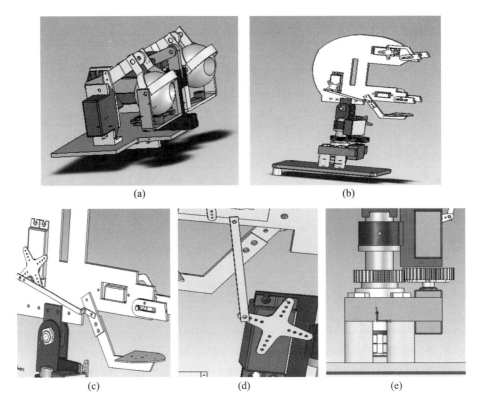

图7-8 机器人头部机构

(a)眼睑、眼球;(b)头骨;(c)下巴的控制图;(d)点头;(e)摇头。

$$S_i = \{f_1(P_{1i}, V_{1i}) \quad f_2(P_{2i}, V_{2i}) \quad \cdots \quad f_k(P_{ki}, V_{ki}) \quad \cdots \quad f_m(P_{mi}, V_{mi})\}$$

(7-2)

式中:m 为模拟肌肉的舵机或其传动结构的个数;P_{ki} 为第 k 个舵机在第 i 个暂态的位置;$V_{kix} = (P_{ki} - P_{k(i-1)})/T$,$T$ 为动作序列转换的时间间隔。

所以,机器人的头部表情受多个电机协调运动及他们的运动幅度和速度共同影响,通过调节它们可以让机器人表达丰富细腻的情感状态。机器人头部机构实物与表情产生如图7-9所示。

7.3 控制系统硬件体系结构

7.3.1 基于CAN总线的分布式控制体系结构

APROS-I服务机器人系统结构复杂,控制对象及功能较多,既有智能控

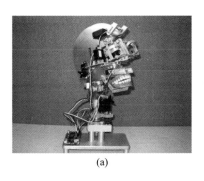 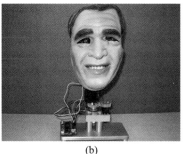

(a)　　　　　　　　　　　(b)

图 7-9　机器人头部机构实物与表情产生示意图

制又有情感控制,集中控制和主从控制方式已不能满足机器人对控制系统实时性、开放性、鲁棒性等方面的要求。比较理想的控制系统解决方案是采用分布式控制系统 DCS(Distributed Control System),将控制功能在下位机分散,每个下位机完成一项特定功能,各下位机便可实现并行工作,这将大大提高整个系统的处理能力和处理速度。DCS 的核心思想是集中管理、分散控制,即管理与控制分离,上位机用于集中监控和系统管理,下位机分散到现场实现分布式控制,各上下位机之间通过控制网络互连实现信息传输。显然,采用 DCS 方案有如下明显优点:实现集中监控和管理,管理与现场分离,管理更综合化和系统化;实现分散控制,可使各功能模块的设计、装配、调试、维护独立,系统控制的危险性分散,可靠性提高,投资减小;采用网络通信技术,可根据需要增加以微处理器为核心的功能模块,具有良好的系统开放性、扩展性和升级特性。

　　CAN(Controller Area Network)总线作为连接各上下位机之间的通信网络,非常适用于分布式控制系统,因为它具有以下突出特性:CAN 控制器工作于多主方式,网络中的各节点都可根据总线访问优先权向总线发送数据,通信方式灵活;CAN 节点在错误严重的情况下具有自动关闭输出功能,以使总线上其他节点的操作不受影响,因而具有突出的可靠性;CAN 总线的通信协议可由 CAN 控制器芯片及其接口芯片实现,从而大大降低系统开发难度,缩短了开发周期;CAN 总线结构简单,只有两根信号线,挂接在总线上的设备可方便地增减,因而具有优良的可扩展性;此外,CAN 总线还有传输速率高、实时性强、开放性好、成本低等特点。

　　基于 CAN 总线的分布式控制系统的上位机由主控计算机及语音和图像处理单元构成,下位机则是由 0~7 号节点控制器为核心的功能模块组成。APROS-I 服务机器人的控制系统硬件结构如图 7-10 所示。

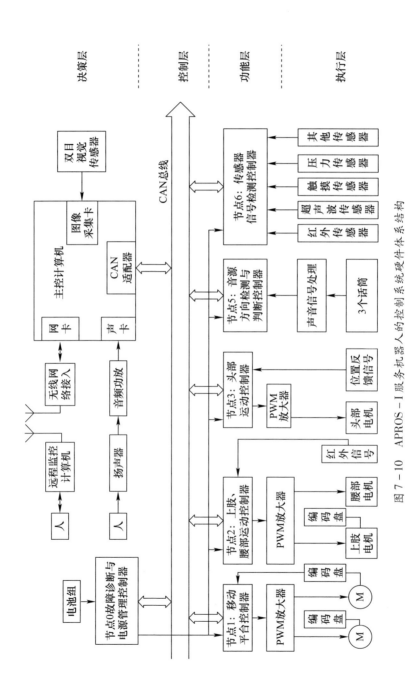

图 7-10 APROS-I 服务机器人的控制系统硬件体系结构

在该系统中,作为上位机的主控计算机可采用基于 PC 的高性能的嵌入式计算机,本系统选用 GENE-7310 嵌入式主板。PC CAN 卡是插在上位机扩展槽的 CAN 总线接口卡,负责 PC 与 CAN 总线之间通信。上位机将控制命令转换成 PC CAN 卡可识别的数据,PC CAN 卡收到数据后,按照 CAN 总线协议标准发送给系统中各传感/执行器,各单元依据标识符判断是否为自己应处理的数据,若是,则按照相应算法解释数据内容,控制各单元完成相应动作。各单元节点是以 MCU(本系统选用 Microchip 公司的 PIC 系列单片机)为核心的功能模块,各单元 CAN 控制卡从 CAN 总线接收由上位机传送的数据,解释形成驱动各单元的输出信号。当上位机需要各单元当前状态信息时,各单元 CAN 控制卡将状态值经由 CAN 总线发至上位机,实现双方数据交换。各单元之间按照 CAN 总线协议相互通信、协调动作,各节点平等争用总线,构成具有多主机的冗余总线式网络拓扑结构。

7.3.2 分层结构

系统在纵向结构上可分为 4 层。

(1) 决策层。主要实现以下功能:通过无线网络和语音处理系统(语音识别与合成)两种方式实现人机交互;实现双目视觉图像采集与处理;对整个系统实施管理监控,并对控制层及功能层的事件做出响应。

(2) 控制层。检测各节点的工作情况,登记各节点的状态,对发生故障的节点进行处理,对系统电源进行合理的分配和调度。

(3) 功能层。由一个个基于 MCU 的节点控制器及相关电路组成的功能模块所构成,实现机器人的基本行为和感知控制。

(4) 执行层。由环境感知传感器和执行器组成,完成数据采集和行为动作执行。

7.3.3 节点结构

控制节点由智能传感/执行器、CAN 控制器(如 SJA1000)、隔离器件、CAN 驱动器(如 72C250)以及单片机等组成,结构如图 7-11 所示。单片机通过各种传感器采集模拟/开关量等数据,处理后发至 CAN 控制器的发送缓冲区,启动 CAN 控制器发送命令,CAN 控制器自动向总线发送数据,无须单片机干预。若系统中同时有多个 CAN 控制器向总线发送数据,CAN 总线通过信息帧中的标识符进行仲裁,标识符数值最小的 CAN 控制器拥有总线优先使用权。控制节点中的 CAN 控制器检测到总线上有数据时自动接收,向单片机发送接收中断请求,启动单片机数据接收中断服务程序,从 CAN 控制器接收缓冲区读取数据,进行处理后通过输出模块输出,控制执行机构。

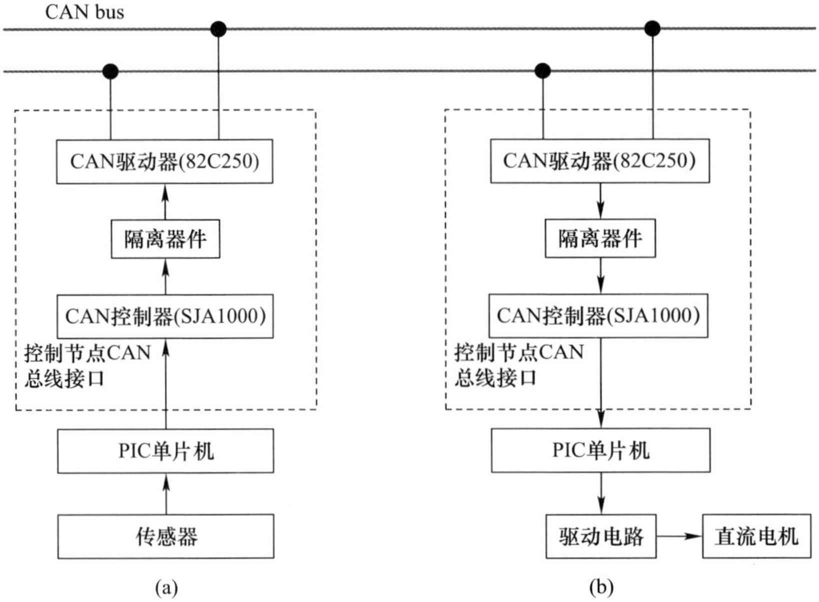

图 7-11 控制节点的结构
(a)传感器输入控制节点的结构;(b)执行机构输出控制节点的结构。

7.3.4 故障诊断与处理控制器

在典型分布式控制系统的基础上,增设了一个故障诊断与处理控制器模块,负责系统功能层节点故障的诊断处理和电源电量的检测与分配。该控制器结构如图 7-12 所示。由于系统中较繁重的任务集中在控制层和功能层,因此,提高其容错性,将大大提高整个系统的可靠性。

节点控制器发生的故障类型可分为临时性故障和永久性故障两种。临时性故障是指,由于软件中存在 BUG,导致控制器"死机"或由于某种信号干扰,致使程序"跳飞"等故障。永久性故障是指,由于元器件发生烧毁、功能失效或电路发生短路、断路等原因所产生的故障。一般而言,临时性故障可通过系统复位重新启动进行修复,而一旦发生永久性故障,则应替换备用单元或将其关闭。

故障诊断与处理模块采用对功能层控制器进行定期巡检的方式监控其工作。该控制器以固定时间间隔(1~10s)向功能层广播连接请求,若各节点控制器工作正常,则回应请求,并将它们的最新状态信息发送给控制层,控制层便刷

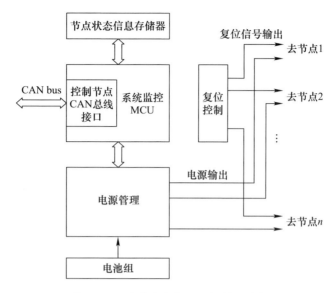

图 7-12 故障诊断与处理控制器结构

新节点状态信息存储器中这些控制器的状态信息记录。若在规定时间内没有收到某节点控制器的回应,则认为该控制器发生故障。此时,控制层对其实施复位操作,若复位后该机恢复正常工作,说明发生的是临时性故障,控制层只需将节点状态信息存储器中相应状态信息记录发送给该节点控制器,它便能恢复到故障前的工作状态。若复位后也不能恢复正常工作,则说明发生了永久性故障,此时应启动备用单元或关闭故障单元,切断其电源,并将其编号对外广播注销。

7.3.5 控制系统功能

主控计算机是分布式控制系统的上位机,由一台高性能基于 PC 的嵌入式计算机承担,主要用于人机交互、系统管理、控制决策、任务调度、运动规划、图像识别与视觉导航等。环境感知部分由双目视觉传感器、超声传感器、红外传感器、光敏传感器、触觉传感器等传感器组成,其中双目视觉传感器可实现视觉导航、目标定位与跟踪、人脸识别等功能。无线网络采用 702.11b 通信协议,可实现主控计算机与远程监控计算机的互连。一方面,通过远程计算机终端对机器人下达命令,实施控制;另一方面,也可将机器人的状态信息(如当前任务、位置、速度等)及实时视频图像显示在远程监控计算机终端上。控制系统功能如图 7-13 所示。

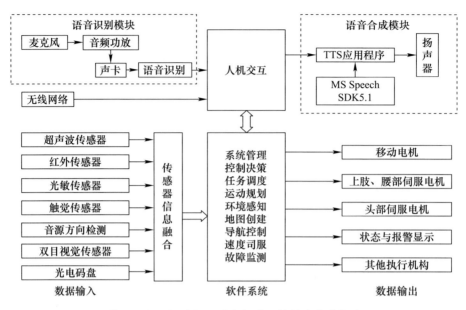

图 7-13 APROS-I 服务机器人控制系统功能图

7.3.6 多传感器信息融合

导航技术是移动智能机器人的核心技术之一。为提高导航系统的鲁棒性，本设计采用了集双目视觉导航、超声波导航、地图匹配导航等多种导航方式于一体的组合导航方法，以满足机器人对越来越高的导航性能及复杂环境条件下导航技术的要求。单个传感器在环境描述方面存在以下问题：①只能获得环境特征的部分信息，无法对操作环境做出全面准确的描述；②缺乏鲁棒性，偶然故障将导致系统无法正常工作；③数据的可信度不高。多传感器信息融合是指传感器系统对来自多种传感器的信息进行综合统一，以产生更可靠、更准确的信息。该项技术的出现是为了解决单个传感器系统所面临的问题。和单个传感器系统相比，多传感器融合系统具有以下优点：①可得到更全面、更准确的信息；②可提高系统的可靠性和鲁棒性；③可得到描述同一环境特征的多个冗余信息，可描述不同的环境特征；④可实现并行数据采集和处理，提高导航系统综合性能；⑤可增强数据可信度。对多种传感器所提供的冗余或互补信息进行融合，可获得更加全面、准确、可靠地反映环境特征的信息，为导航提供快速而准确的决策依据。

7.4 软件体系结构

APROS-I 服务机器人软件结构采用分层结构，如图 7-14 所示。整个控制系统可自上而下分为决策层、行为规划层、信息采集融合层。信息采集融合层负责接收来自底层的任务请求以及机器人当前的运行状态和环境信息,同时将多个传感器收集的实时环境动态信息进行信息融合,并将信息融合的结果送入决策层。决策层根据这些信息规划出移动机器人所应采取的具体行为模式,再向下传递具体的行为指令。行为规划层接收顶层的行为控制命令,具体实现机器人自主行动所应采取的各种行为模式,主要包括移动机器人的路径识别、实时避障、定点运动、基于音源方向判别的机器人行为控制以及情绪表达等行为模块。底层传感器和电机控制直接参与服务机器人的环境感知和运动控制,是服务机器人完成各项任务和实现各种行为的基础,特别是在未知和不确定动态环境下,高精度运动控制系统是实现避障、路径规划等自主行为的基础。

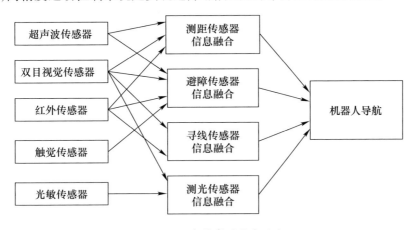

图 7-14 多传感器信息融合

7.5 情感状态与情感行为决策

图 7-15 除了表示 APROS-I 服务机器人智能决策与控制的软件体系结构以外,还包含情感决策与情感控制的软件体系结构。根据情绪的认知理论,我们将图 7-15 进一步细化后,可得图 7-16。

决策层包括 3 个部分。

(1) 认知比较器。根据情绪的认知理论,我们有这样的结论:同样的外部环境情感信息,对不同个体或同一个体,由于不同的心理状态以及所具有的情感经验的不同,其感受到的刺激模式是不同的,进而其触发的情绪状态也是不同的。

刺激模式主要包括媒介类型、情绪类型以及刺激强度等。媒介类型包括声音、语音、图像等,情绪类型是指该刺激所引发的情绪类型。

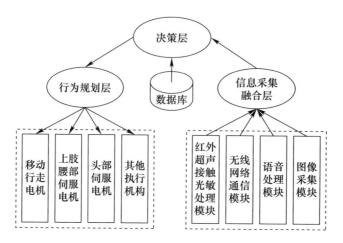

图 7-15 APROS-I 服务机器人控制系统软件体系结构

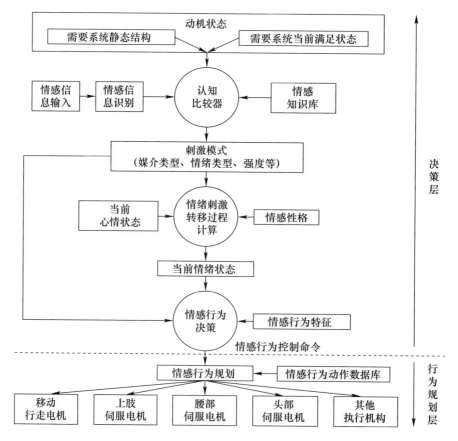

图 7-16 APROS-I 服务机器人情感系统软件体系结构

心理状态除了包括 η、λ、γ、α、β 等参数的变化以及当前心情状态以外，还包括个体的动机状态，即个体需要系统的静态结构与需要系统的当前满足状态（参见结论部分的分析，今后理论研究的初步想法）。根据经识别后的外部环境的情感信息、个体的动机状态以及个体的情感经验（情感知识库），进行综合比较、判断，计算出当前的刺激模式。

（2）情绪刺激转移过程计算。根据认知比较器输出的刺激模式、个体当前的心情状态以及情感性格特征，利用情绪刺激转移过程的 HHM 模型进行情绪计算，得到当前的情绪状态。

（3）情感行为决策。情感行为决策模块根据当前的情绪状态、刺激模式中的媒介类型以及个体的情感行为特征，进行决策判断，得到情感行为控制命令送给情感行为规划层。

情感行为规划层接收决策层发出的情感行为控制命令，从情感行为动作数据库中取出表达某种情绪的动作序列，输送给底层的执行机构，以实现情绪表达的功能。

7.6 系统通信软件设计

CAN 通信协议规定 4 种网络通信帧：数据帧、远程帧、错误指示帧、超载帧。CAN 通信协议的实现，包括各种通信帧的组织发送，由集成在 CAN 控制器中的电路实现。因此，通信软件的关键是 CAN 控制器初始化、CPU 与 CAN 控制器之间的数据接收/发送。

7.6.1 CAN 控制器初始化

该部分程序主要设置 CAN 控制器通信参数（如屏蔽寄存器、模式寄存器、输出控制寄存器、接收代码寄存器等），确定波特率、位周期宽度、采样点位置、采样次数、输出方式等。流程如图 7-17 所示。

7.6.2 数据发送

数据从 CAN 控制器发送到 CAN 总线由 CAN 控制器自动完成，发送程序把数据送到 CAN 控制器的发送缓冲区，启动发送命令。流程如图 7-18 所示。

7.6.3 数据接收

数据从 CAN 总线发送到 CAN 控制器由 CAN 控制器自动完成，接收程序从 CAN 控制器接收缓冲区读取数据。流程如图 7-19 所示。

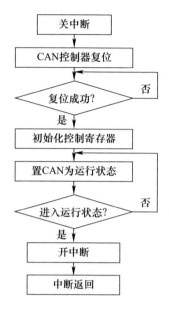

图 7-17 CAN 控制器初始化软件流程

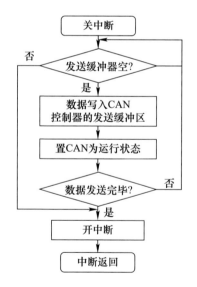

图 7-18 数据发送软件流程

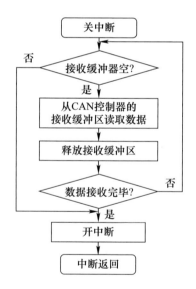

图 7-19 数据接收软件流程

第8章 基于人工心理的养老服务机器人系统

本章仔细地研究和学习了关于表情识别和头部姿态识别的相关算法,并将这些经典算法进行对比分析。实现了基于 Contex – A8 的机器人本体装置、无线路由网关、上位机的硬件实验系统,以及基于 MFC 框架并结合 OpenCv 做图像处理与控制的软件系统。研究了将 ASM 算法用于机器人用户头部姿态分析的过程,得到了比较理想的效果。研究了一种基于 LGBP 与协作表示的表情识别算法,最后将算法进行仿真和实验验证,分别在 JAFFE 数据库和视频中得到了较好的效果。

8.1 养老陪护机器人系统

8.1.1 养老陪护机器人的系统组成部分

本实验所用到的养老服务机器人系统,机器人的本体装置主要有如下几个部分组成:①视频采集模块;②无线图像传输模块;③无线通信模块;④机动控制模块;⑤情感表达模块;⑥电源模块。各个模块协调工作,通过无线路由网关完成与上位机之间的通信,进而机器人本体可以实现相应的功能。机器人的外观如图 8 – 1 所示。

1. 视频采集模块与无线图像传输模块

(1) 视频采集模块。视频采集模块位于机器人本体的头部,它的作用是实时采集用户的图像信息,这些图像信息既包括头部信息又包括面部信息,之后将这些图像传给无线图像传输模块做下一步处理。本实验所采用的视频采集模块是一种小型的 WIFI 视频模块,它的底板尺寸不超过 50mm,可以很方便地嵌入机器人中。该视频模块的主要特征如下:功耗较低,稳定性很好,支持的最大分辨率为 30 万,帧率为 30fps,支持格式为 MJPEG 和 YUYV 两种。

(2) 无线图像传输模块。无线图像传输模块同样位于机器人本体的头部,它与视频采集模块通过数据线连接在一起,它的作用是将视频采集模块所采集到的图像信息通过自身的天线向外发送。在本实验中,由 PC 端的上位机程序接收该模块的视频并做处理。该模块的视频接口为 CVBS(AV),同时支持 AP、STA、SmartConfig 3 种无线模式。该模块的传输距离为 50m,基本上满足家庭和实验室的使用环境。

图 8-1　养老陪护机器人外观

2. 无线通信模块

本实验所采用的无线通信模块为 ESP8266 无线模块,该模块位于机器人内部,与机动控制模块相连接。该模块的作用是将接收到的无线指令转换为串口数据,再将串口数据传输到机动控制模块,进而控制机器人完成指令动作。该模块采用串口(LVTTL)与 MCU 通信,支持 TCP/IP 协议栈,用于完成串口数据与 WIFI 信号之间的转换。通信模式支持串口转 WIFI STA、AP、WIFI STA + WIFI AP 3 种转换模式。

3. 机动控制模块

机器人本体中的机动控制模块,包含控制中心和底部运动模块,该模块是机器人的生命力所在,其中的控制中心相当于机器人的大脑,底部运动模块相当于是机器人的四肢,大脑与四肢的配合实现了机器人的各项动作。

(1) 控制中心包含了核心板和控制板两部分。核心板的主体为 STM32 芯片,它与无线通信模块直接连接,通过 TTL 串口接收指令数据,并将数据传递给控制板。控制板直接连接核心板,将核心板的指令数据传递给底部运动模块和情感表达模块,帮助机器人完成各种动作。

(2) 底部运动模块,为主从轮式运动底盘。其中两个主动轮位于机器人底盘的左右两侧,从动轮位于机器人底盘后侧的正中央,起到辅助、支撑主动轮的作用,使机器人整体移动更加流畅。通过主动轮与从动轮的配合,机器人可以完成前进、后退、左转、右转、左转圈、右转圈、停止等动作。

4. 情感表达模块

机器人本体中的情感表达模块,包含颈部运动模块和面部情感模块两部分。它们同样与控制中心相连,用于接收控制中心的指令数据来表达机器人的情感。其中的颈部运动模块,由两个方向的舵机组成,每个舵机可以实现180°的旋转,进而实现机器人的抬头、低头、左转头、右转头、点头、摇头等动作。情感表达模块由5个LED灯组成,分别代表机器人的眼睛、嘴巴、耳朵等部位,通过不同部位LED灯的明暗组合实现机器人的情感表达。

5. 电源模块

机器人本体中的电源模块,输出电压为7V,用于向机器人系统中的各个模块提供稳定的电压,为系统的整体运行提供保障。

8.1.2 养老陪护机器人的整体工作流程

系统的整体工作流程如图8-2所示。具体的工作流程如下。

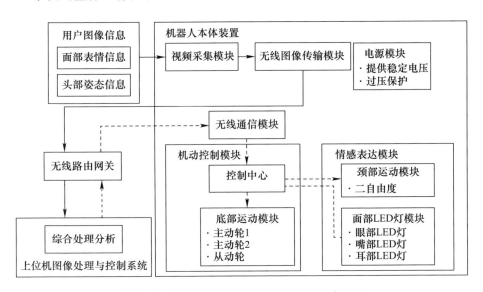

图8-2 养老陪护机器人系统组成及工作流程

(1)安装在机器人本体上的视频采集模块采集用户的图像信息,该信息同时包含用户的头部姿态信息和表情信息。

(2)无线图像传输模块将采集到的用户信息发送至上位机。

(3)上位机将接收到的用户信息加以显示并做进一步的图像分析处理,如进行头部姿态分析和面部表情分析。

(4) 上位机根据图像分析的结果发送 socket 指令给机器人本体。

(5) 机器人本体根据接收到的无线指令做出指定的反馈动作。

8.2 系统的无线通信方式

8.2.1 系统的无线通信过程

系统的通信方式采用无线传输形式。上位机图像处理与控制系统作为整体系统的综合处理的关键部分,既需要接受无线图像传输模块的视频信息,又需要通过无线通信方式控制机器人机动控制模块做出相应的动作。因此,本系统采用 STA 的通信模式,将无线图像传输模块与无线通信模块作为路由器的两个站点,路由器作为网络的中心节点。机器人与上位机之间采用无线 socket 的通信模式。STA 通信模式的使用,可以实现上位机与无线视频传输模块和无线通信模块的同步通信,机器人可以在视频采集的过程中实时通信,既提高了通信效率,又避免了有线控制的繁琐。

8.2.2 STA 通信模式

在物联网的无线连接技术中,会用到大量的无线 WIFI 模块,如本实验所涉及的无线图像传输模块和无线通信模块,它们都带有无线 WIFI 通信功能。在这些无线模块的组建过程中,主要涉及基础网(Infra)和自主网(Adhoc)两种拓扑类型。

基础网与自主网的区别在于是否使用 AP 作为网络的中心节点。AP 是指无线接入点,在整体的通信结构中作为网络的中心节点,也就是无线网络的创建者。STA 是指在无线通信网络结构中,每一个连接到 AP 的网络终端,也可以成为站点。在自主网中,不使用 AP 的中心节点,网络中仅由各个站点自己构成,它们可以直接进行通信。与基础网相比,自主网的结构更加松散。图 8-3 为基础网的结构示意图。图 8-4 为自主网的结构示意图。

在本实验中,使用无线路由器作为网络的 AP,无线图像传输模块和无线通信模块作为网络的两个 STA 站点。

8.2.3 Socket 通信模式

1. TCP/IP 与 UDP

TCP/IP(Transmission Control Protocol/Internet Protocol)协议又称为传输控制

图 8-3 基础网示意图

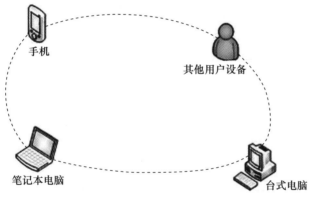

图 8-4 自主网示意图

协议或网关协议,最早是由美国国防部高级研究规划署提出的,目前是 Internet 通信的工业标准。UDP 协议是 TCP/IP 协议族中的一种,它对应于 TCP,是指用户数据报协议(User Data Protocol)。TCP/IP 协议提供了进程间的通信能力,可以实现若干主机的相互通信。相比于 OSI 7 层模型,该协议只需要 4 个层次,即应用层、传输层、网络层、网络接口层。

2. Socket 的工作原理及实现方式

TCP/IP 各个层次间具体的协议关系如图 8-5 所示,Socket 是在应用层与传输层之间的软件抽象层。Socket 的出现可以将复杂的 TCP/IP 隐藏在 Socket 接口后面,使得用户可以直接使用简单的接口就能轻松地访问,进而开发各种各样的网络应用。Socket 套接字的类型一共有 3 种。

(1) 原始套接字。

(2) 流式套接字(SOCK_STREAM)。此种套接字是基于 TCP 协议实现,它可以提供面向连接、可靠的数据传输服务,数据无差错、无重复地发送,并且按照发送顺序接收。

(3) 数据报式套接字(SOCK_DGRAM)。此种套接字基于 UDP 协议实现,它可以提供无连接服务,数据包以独立包形式发送,不提供无错保证,数据可能丢失或重复,接收顺序混乱。

在 TCP/IP 通信过程中,两个进程之间主要是基于客户机/服务器(Client/Server)的模式。在本实验中,将机器人本体设置为服务器,将上位机设置为客户机。首先,客户机向服务器提出连接请求,服务器接收到连接请求后,与客户机建立连接开始提供数据发送服务。具体的通信过程如图 8-6 所示,其中服务器端的具体工作流程如下。

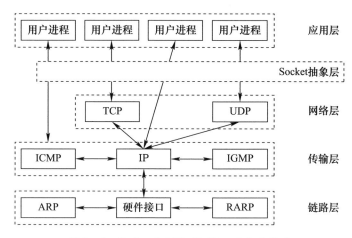

图 8-5 Socket 在 TCP/IP 协议层中的作用

(1) 创建 Socket 套接字。

(2) 将 Socket 绑定到本地地址和端口号上,本地地址为上位机的 IP 地址,端口号设置为 8086。

(3) 将 Socket 设置为监听模式,随时监听是否有客户端的请求。

(4) 当监听到客户端的请求后,接受请求并返回一个新的套接字用于与客户端通信。

(5) 与客户端进行数据发收。

(6) 等待下一个客户的请求。

(7) 关闭 Socket。

客户端的具体工作流程如下。

(1) 创建 Socket 套接字。
(2) 向服务器发送连接请求。
(3) 当服务器接受连接请求并建立连接后,与服务器进行数据通信。
(4) 通信完毕后关闭 Socket。

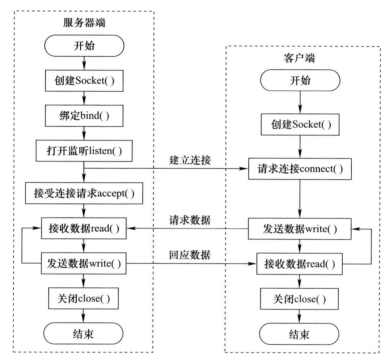

图 8-6 Socket 服务器端和客户端工作流程

8.2.4 系统的指令组成

前面提到,机器人本体通过接收上位机发送的无线指令做出相应的动作,包含头部动作、整体动作和面部动作,这些动作分别是由控制头部电机、底部电机以及面部 LED 灯实现的。具体的指令格式如表 8-1 所列。

表 8-1 机器人系统的指令格式

串中编号	系统配置		电机编号	具体动作	循环次数	循环时间
F3	FF	FE	10/20/30	XX	C0	30

该指令共有 7 个字节,前 3 个字节 F3 FF FE 固定不变,表示串口编号以及其他系统配置。第 4 个字节表示电机编号,10 表示头部电机,20 表示底盘电机,

30 表示 LED 灯。第 6 个字节和第 7 个字节分别表示循环次数和维持时间。第 5 个字节表示具体动作,其对应关系如表 8-2~表 8-4 所列。

表 8-2　机器人指令对应的头部动作

头部动作					
指令	功能	指令	功能	指令	功能
21	抬头	22	低头	23	上下居中
11	左转头	12	右转头	13	左右居中
25	点头	15	摇头		

表 8-3　机器人指令对应的面部动作

面部动作							
指令	功能	指令	功能	指令	功能	指令	功能
49	睁开眼睛	4A	闭上眼睛	41	打开耳灯	42	关闭耳灯
43	张开嘴巴	44	关闭嘴巴				

表 8-4　机器人指令对应的整体动作

整体动作							
指令	功能	指令	功能	指令	功能	指令	功能
31	前进	32	后退	33	左转	34	右转
36	左转圈	37	右转圈				

8.3　养老陪护机器人系统的软件平台

本实验所使用的软件平台有如下功能。
(1) 上位机可以通过无线指令控制机器人实现一定的动作。
(2) 可以将机器人采集到的图像经过无线接收并显示在 PC 端。
(3) 可以对采集到的图像做图像分析处理,包括头部姿态估计和面部表情识别。

8.3.1　软件开发环境及配置

本实验的软件平台运行环境为 Windows 10,在 Visual Studio 2013 的开发环境下,使用 C++ 语言搭建了 MFC 运行界面,同时结合 OpenCv 机器视觉库做一系列的图像处理。在图像的接收和显示过程中,本实验所采用的无线图像传输模块自带一系列的 SDK 文件包,支持用户的二次开发,在编程过程中需要将涉及到的头文件、库文件以及动态链接库配置到主程序中。具体配置过程如下。

1. OpenCv 的配置

（1）配置 include 路径，即存放头文件的路径：选择菜单"工具"→"选项"→"项目和解决方案"→"VC++目录"→"包含文件"，包含：

C:\opencv2.3.1\opencv\build\my\install\include

C:\opencv2.3.1\opencv\build\my\install\include\opencv

C:\opencv2.3.1\opencv\build\my\install\include\opencv2

（2）配置 lib 路径，即存放库文件的路径：选择菜单"工具"→"选项"→"项目和解决方案"→"VC++目录"→"库文件"，包含：

C:\opencv2.3.1\opencv\build\my\install\lib

（3）设置环境变量，即将 OpenCv 的动态链接库文件所在的目录加入 Path 环境变量。

（4）在具体的程序中配置附加依赖项。

2. 无线图像传输模块的配置

（1）配置头文件目录，将 CHD_WMP_Type.h、CHD_WMP_Return.h、CHD_WMP_I2C.h 配置到程序所在目录。

（2）配置动态链接库，将 chd_base.dll、PPPP_API.dll、chd_wmp.dll、Avcodec-56.dll、avformat-56.dll、avutil-54.dll、Swresample-1.dll、chd_coder.dll 配置到程序所在目录。

（3）配置附加依赖项，将 chd_base.lib、chd_efast.lib、chd_wmp.lib 配置到程序中。

程序中所用到的主要接口函数及其参数和基本功能如表 8-5 所列。

表 8-5　程序中用到的主要接口函数

函数名	参数	功能
CHD_WMP_ConnectDevicet	Phandle,Address,Passwd	连接设备
CHD_WMP_Disconnect	handle	断开设备连接
CHD_WMP_Poll	Handle,type,rimeout_msec	数据监听
CHD_WMP_GetParamChangeType	Handle,type	接收设备参数变化信息
CHD_WMP_Video_Begin	handle	开启视频流
CHD_WMP_Video_End	handle	停止视频流
CHD_WMP_Video_RequestVideoData	Handle,pvdata	获取一帧视频数据
CHD_WMP_Video_ReleaseVideoData	Handle,pvdata	释放视频数据缓存

8.3.2 程序运行流程及效果

机器人软件平台主要分为三大模块：机器人基本控制、头部姿态识别、表情识别。其中基本控制部分是独立的功能，可以通过此模块控制机器人实现各种动作，完成在 PC 端无线控制机器人行动的功能。头部姿态识别功能和表情识别功能都是基于对图像的处理，其中也包含了基本控制中的一部分功能，如根据图像处理后得到的结果可以实时发送无线指令，控制机器人完成相应的反馈动作。

程序的运行界面如图 8-7 所示。此界面为运行程序后出现的第一个界面，可以清楚地看出程序的三大基本模块，用户可以根据需要选择其中任意一个模块进入。以基本控制模块为例，当选择基本控制模块并进入后，将出现指令控制界面。

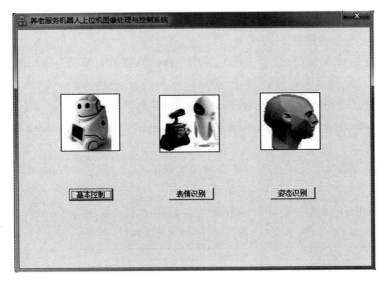

图 8-7 养老服务机器人上位机图像处理与控制系统的初始界面

本程序的指令控制界面如图 8-8 所示，该界面主要有 3 个区域：串口控制区域、动作指令区域、指令显示区域。串口控制部分是基本控制模块的起点与终点，首先单击"打开串口"按钮，将出现如图 8-9 所示的读取 IP 对话框，用户需要将要连接的客户端（也就是本书中的机器人本体装置）IP 输入，再单击"发送"，程序将与机器人建立 Socket 连接。由此可以通过单击左边动作指令区域的任意一个动作控制按钮控制机器人完成相应的动作。每当单击相应的动作按钮后，程序的指令显示区将会显示该动作所对应的指令。

第 8 章 基于人工心理的养老服务机器人系统

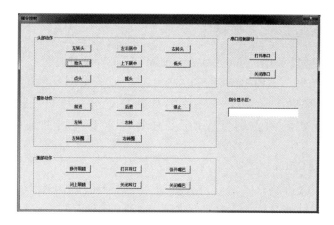

图 8-8 指令控制界面

图 8-9 读取 IP 对话框

8.4 养老陪护机器人的用户头部姿态识别

　　头部姿态所表达的信息是日常交往中的重要因素,对于理解对象的心理有着很重要的意义。例如,我们通过对象的头部朝向判断他的注意力焦点,通过他的点头和摇头等动作判断他的赞同与反对等情绪。在本实验中,选择 ASM 主动形状模型作为头部姿态识别的主要算法,该算法的优点是将头部姿态估计的关键点变成面部特征点的提取,提取出特征点坐标之后只需进行简单的几何运算即可进行判断,而且 ASM 模型对于面部特征点的提取效果非常好。最后,以机器人本体装置作为硬件平台,以上位机图像处理与控制系统作为软件平台,在整体系统上完成了对于静态和动态图像中的估计。

151

8.4.1 主动形状模型描述

主动形状模型(Active Shape Model,ASM)是一种统计特征模型的方法,最早由 Tim Cootes 提出。该模型算法可以通过不断地大量训练数据来调整初始形状,最终达到更加匹配的效果。ASM 的基础是点分布模型(Point Distribution Model,PDM),在实际的应用过程中,ASM 算法主要包括训练(train)和搜索(test)两部分。

1. 主动形状模型的建立

在模型的正式训练开始之前首先要建立基于人脸的 ASM 特征点模型。在标记过程中主要选择具体如下特征的点:①边缘点;②大曲率点;③T 形连接点。因为这些点可以较好地描述人脸的基本轮廓。另外,同样要选取以上几种特征点之间线段上的等分点作为特征点。很明显,在一张人脸图像中,眼角、嘴角、眉毛头尾处都属于边缘点,眉峰、下巴处是大曲率点,脸的一圈轮廓属于边缘点。我们将以上一些特征点和等分点标记后,在人脸图像中采用68 个特征点建立本实验的 ASM 模型。

2. 主动形状模型的训练

通过对一系列的训练样本标记了特征点之后,每幅图像都可以表示为一组特征点的集合:$\{(x_1,y_1),(x_2,y_2),\cdots,(x_n,y_n)\}$。我们将它看成一个由 k(本实验中 k 为 68)个特征点组成的二维形状向量,即每幅图片由向量 $a_i = (x_{i0},y_{i0},x_{i1},y_{i1},\cdots,x_{i(k-1)},y_{i(k-1)})^T$ 构成,$1 \leq i \leq n$ 表示第 i 幅图像,n 为样本集中图像的总个数。$0 \leq j \leq k-1$ 表示每个训练样本上的第 $j+1$ 个特征点。整个训练集可以由向量 $A = (a_1,a_2,\cdots,a_n)$ 表示。

接下来对训练集中的所有训练样本进行对齐操作,以其中的一个点分布模型为基础,将其他模型经过一系列的几何变换对齐至标准样本上,使这些模型到标准模型之间的距离和最小,即保证 $D = \sum_{i=1}^{n}|a_i - \bar{a}|^2$ 最小。在样本对齐的过程中,我们用 t 表示样本平移向量,θ 表示旋转角度,s 表示缩放尺度,另外增加一个加权对角矩阵 W,用于保证特征点的稳定性。例如,训练集 A 中的两个样本 a_1、a_2,当 $E = [a_1 - M(s,\theta)a_2 - t]^T W[a_1 - M(s,\theta)a_2 - t]$ 达到最小值时,说明 a_1 与 a_2 已经对齐。

接下来使用主成分分析法构建统计形状模型,主成分分析法可以对上述二维形状向量进行降维,将任意一组特征点集看做主成分向量空间的一个坐标点,而这个坐标原点就认为是这些点集的平均,也就是任意点等于坐标原点加上一个向量:$X = \bar{a} + Pb$。其中,$b = (b_1,b_2,\cdots,b_t)^T$,$b_i(1 \leq i \leq t)$ 是相应特征向量的权值,也就是形状参数。

$X = \bar{a} + Pb$ 就是我们要构建的建统计形状模型。具体实现过程如下。

(1) 首先,需要计算平均形状向量:

$$\bar{a} = \frac{1}{n}\sum_{i=1}^{n} a_i \tag{8-1}$$

(2) 计算协方差矩阵:

$$S = \frac{1}{n}\sum_{i=1}^{n}(a_i - \bar{a})^{\mathrm{T}}(a_i - \bar{a}) \tag{8-2}$$

(3) 计算 S 的特征值并排序,顺序为由大到小:

$$Sp_i = \lambda_i p_i (\lambda_i \geqslant \lambda_{i+1}, p_i^{\mathrm{T}} p_i = 1, i = 1,2,\cdots,2n) \tag{8-3}$$

(4) 用 p_i 表示矩阵 S 中的特征向量 τ_i 所对应的特征向量,选取前 t 个特征值及特征向量构成 P 向量,即

$$P = (p_1, p_2, \cdots, p_t) \tag{8-4}$$

主动形状模型的训练过程如图 8-10 所示。

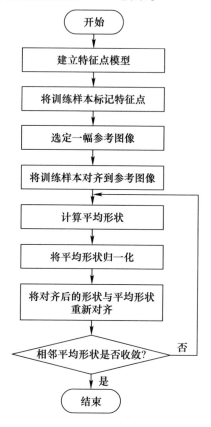

图 8-10 主动形状模型的训练过程

3. 主动形状模型的搜索

对 ASM 进行搜索匹配,具体实现过程如下。

(1) 对平均形状进行仿射,得到初始模型:$X = M(s,\theta)X + X_c$,$M(s,\theta)X$ 是 X 进行位置变化,s 代表缩放,θ 代表旋转,X_c 表示平移量。

(2) 计算图像中每个特征点的新位置 $X + \mathrm{d}X$。

(3) 为了使当前特征点的位置 X 与新位置 $X + \mathrm{d}X$ 最接近,即 $\mathrm{d}X$ 最小,我们利用仿射重新计算形状和姿态等参数:

$$X + \mathrm{d}X = M(s(1+\mathrm{d}s), \theta + \mathrm{d}\theta)[\bar{a} + Pb + \mathrm{d}a] + (M_c + \mathrm{d}M_c) \quad (8-5)$$

可以求出

$$\mathrm{d}a = M((s(1+\mathrm{d}s))^{-1}, -(\theta + \mathrm{d}\theta))[y] - [\bar{a} + Pb] \quad (8-6)$$

$$y = M(s,\theta)[\bar{a} + Pb] + \mathrm{d}X - (M_c + \mathrm{d}M_c) \quad (8-7)$$

由 $\bar{a} + Pb + \mathrm{d}a \approx \bar{a} + P(b + \mathrm{d}b)$,可以求出

$$\mathrm{d}b = P^{\mathrm{T}}\mathrm{d}a$$

(4) 将参数进行更新,即

$$\begin{aligned} s &= s(1 + \mathrm{d}s) \\ \theta &= \theta(1 + \mathrm{d}\theta) \\ b &= b(1 + d) \\ t &= t(1 + d) \end{aligned} \quad (8-8)$$

(5) 计算出新的形状:$X = M(s,\theta)X + X_c$。

(6) 重复 (2)~(5) 的过程,使最终模型中的特征点与实际图像中的特征点最接近,得到最终匹配后的形状,也就是实际的人脸形状。主动形状模型的搜索流程如图 8-11 所示。

8.4.2 基于面部特征点的头部姿态估计

在本实验中,选取面部 5 个特征点——左眼中心、右眼中心、左嘴角、右嘴角、鼻尖,帮助机器人估计用户的头部姿态信息。这 5 个点分别对应 ASM 模型中的第 31、36、48、54、67 点,本实验中将显示出图片的左上角作为坐标原点(0,0),水平向右和垂直向下分别表示 X 轴的正方向和 Y 轴的正方向。通过提取出这 5 个主要特征点的位置坐标,建立头部模型的三维坐标系,将特征点的位置坐标带入头部姿态判断的三角函数,推断出 Pitch、Yaw、Roll 3 个角度所属的范围,就可

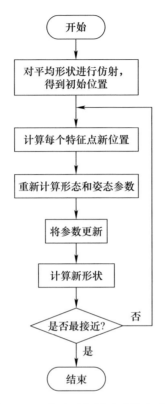

图 8-11 主动形状模型的搜索过程

以估计用户的头部姿态范围。

头部三维坐标系的建立规则:以水平向右为 X 轴正方向,垂直向下为 Y 轴正方向,垂直屏幕且指向屏幕内部为 Z 轴的正方向,整体坐标系符合右手定则规律。Pitch 角表示头部绕 X 轴旋转的角度,又称为俯仰角。Yaw 角表示头部绕 Y 轴的旋转角度,又称为偏航角。Roll 角表示头部绕 Z 轴的旋转角度,又称为滚转角。按照所建立的头部姿态坐标系,当 Pitch 角为正时,表示测试对象正在低头,当 Pitch 角为负时,表示测试对象正在抬头。同理,当 Yaw 角为正时,表示测试对象正在左转头;当 Yaw 角为负时,表示测试对象正在右转头。当 Roll 角为正时,表示测试用户正在左偏头;当 Roll 角为负时,表示测试对象正在右偏头。各个角度所对应的头部姿态关系由表 8-6 所列。接下来将以 CAS-PEAL 姿态库和其他图片为例,详细说明头部 3 个方向偏转角度的计算。我们将图片中测试对象的右眼中心定义为 A_1 点,左眼中心定义为 A_2 点,右嘴角定义为 B_1 点,左嘴角定义为 B_2 点,鼻尖定义为 C 点。A_1、A_2、C、B_1、B_2 的坐标分别用 (x_1,y_1)、(x_2,y_2)、(x_3,y_3)、(x_4,y_4)、(x_5,y_5) 表示。

表 8-6 各个角度对应的头部姿态关系

名称	旋转轴	大于0	小于0
Pitch 角(俯仰角)	X 轴	低头	抬头
Yam 角(偏航角)	Y 轴	右转头	左转头
Roll 角(滚转角)	Z 轴	左偏头	右偏头

1. Pitch 角度的计算模型

以 CASPEAL 头部姿态库中的第 010 组受试者为例,分析 Pitch 角度的计算模型。如图 8-12 所示,当用户抬头或者低头时,面部特征点主要特点如下。

(1) 在保证受试者与观察者之间距离不变的情况下,头部除绕 X 轴旋转外无其他偏转,当受试者抬头或低头时,采集到受试者的平面图像中,脸长(图中的 H)变短了。

(2) 在满足(1)的条件下,受试者抬头或低头时鼻尖位置发生上移或下移。

通过以上两个特征可以计算 Pitch 角度。

如图 8-12 所示,点 A' 表示双眼中心点在 XOY 面上的投影,点 B' 表示两个嘴角中心点在 XOY 面上的投影,C' 表示鼻尖 C 在 XOY 面上的投影。当人脸处于正面平视状态时,A' 的坐标为 $((x_1+x_2)/2, y_1)$,$(y_1 = y_2)$,B' 的坐标为 $((x_4+x_5)/2, y_4)$,$(y_4 = y_5)$,C' 的坐标为 (x_3, y_3),此时,人脸长度 $H = y_4 - y_1$。当头部绕 X 轴旋转一定角度时,双眼中心点在 XOY 面上的投影变为 $A''((x_1+x_2)/2, y_1')$,$(y_1' = y_2')$,两个嘴角中心点在 XOY 面上的投影变为 $B''((x_4+x_5)/2, y_4')$,$(y_4' = y_5')$,鼻尖在 XOY 面上的投影变为 $C''(x_3, y_3')$。已知人脸的实际长度 H 保持不变,H 在 XOY 面上的投影 $h = y_4' - y_1'$。可以推断出头部绕 X 轴的旋转角度 $\alpha = \arccos(h/H) = \arccos((y_4' - y_1')/(y_4 - y_1))$。根据我们所建立的头部姿态坐标系,当测试对象抬头时,$\alpha < 0$,此时,$y_3' > y_3$。当测试对象低头时,$\alpha > 0$,此时,$y_3' < y_3$。

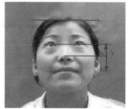

图 8-12 俯仰角计算示意图

2. Yaw 角度的计算模型

同样以 CASPEAL 数据库中的第 010 组受试者为例,分析 Yaw 角度的计算模型。如图 8-13 所示,当用户左转头或者右转头时,面部特征点的主要特点如下。

(1) 在保证受试者与观察者之间距离不变的情况下,头部除绕 Y 轴旋转外无其他偏转,当受试者左转头或右转头时,采集到受试者的平面图像中,脸宽(图中的 W)变短了。

(2) 在满足(1)的条件下,受试者左转头或右转头时鼻尖位置发生左移或右移。

通过以上两点可以计算 Yaw 角度。

如图 8-13 所示,点 A_1' 表示右眼 A_1 在 XOY 面上的投影,点 A_2' 表示左眼 A_2 在 XOY 面上的投影,C' 表示鼻尖 C 在 XOY 面上的投影。当人脸处于正面平视状态时,A_1' 的坐标为 (x_1, y_1),A_2' 的坐标为 (x_2, y_2),$y_1 = y_2$。C' 的坐标为 (x_3, y_3),此时,人脸宽度 $W = x_2 - x_1$。当头部绕 Y 轴旋转一定角度时,双眼在 XOY 面上的投影变为 $A_1''(x_1', y_1)$,$A_2''(x_2', y_2)$,$(y_1 = y_2)$,鼻尖在 XOY 面上的投影变为 $C''(x_3', y_3)$。已知人脸的实际长度 W 保持不变,W 在 XOY 面上的投影 $w = x_2' - x_1'$。可以推断出头部绕 Y 轴的旋转角度:$\beta = \arccos(w/W) = \arccos((x_2' - x_1')/(x_2 - x_1))$。根据我们所建立的头部姿态坐标系,当测试对象左转头时,$\beta < 0$,此时,$x_3' > x_3$。当测试对象右转头时,$\beta > 0$,此时,$x_3' < x_3$。

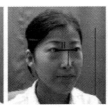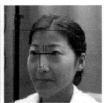

图 8-13 偏航角计算示意图

3. Roll 角度的计算模型

由于 Roll 角度很容易计算且可以很直观地进行分析,大多数的研究者把注意力集中于 Pitch 角度和 Yaw 角度的计算,因此,在现有的头部姿态数据库中几乎很少见到 Roll 角度偏转的标准数据库图片。我们以两张网络图片为例,简要地分析 Roll 角度的计算模型。

如图 8-14 所示,当用户左偏头或右偏头时,面部特征的主要特点如下。

(1) 在保证受试者与观察者之间距离不变的情况下,头部除绕 Z 轴旋转外无其他偏转,当受试者左偏头或右偏头时,采集到受试者的平面图像中,左右眼中心连线与两个嘴角的中心连线均与水平线形成相同的夹角。

(2) 在满足(1)的条件下,受试者左偏头或右偏头时鼻尖位置发生左移或右移。此时,头部处于正面姿势,(1)中的夹角 γ 即为头部绕 Z 轴的旋转角。计算公式为 $\gamma = \arctan \dfrac{|y_2 - y_1|}{x_2 - x_1} = \arctan \dfrac{|y_5 - y_4|}{x_5 - x_4}$。当 $y_2 > y_1$ 时,表示此时头部向

右偏；当 $y_2 < y_1$ 时，表示此时头部向左偏。

图 8-14　滚转角计算示意图

8.4.3　基于主动形状模型的头部姿态估计

根据前文所述，本实验中采用机器人本体作为实验的硬件平台，上位机软件处理与控制系统作为实验的软件平台，利用主动形状模型实现了机器人对于用户头部姿态的估计。

1. 面部特征点定位

图 8-15 所示是本实验利用主动形状模型估计头部姿态的主要过程。首先，将所要估计的图像做简单处理并显示出来。其中图像的预处理主要包括尺寸归一化、灰度处理、直方图均衡化等。接下来对处理后的图像进行特征点定位，具体步骤如下。

（1）对图像采用 haar 方法进行人脸检测，并将检测到的人脸用矩形框标记出来。

（2）载入 ASM 模板，将模板贴到人脸图像上。

（3）ASM 模板位置搜索，通过不断的位置调整，最终将 ASM 模板匹配到人脸图像上，将 68 个特征点显示出来。

（4）在实际的头部姿态估计过程中，我们只会用到其中的 5 个关键点，可以只将这 5 个关键点标记出来。

（5）提取 5 个关键点的位置坐标，显示到控制台窗口以便下一步判断函数使用。

2. 头部姿态估计方法

根据对于头部姿态估计的不同侧重点，可以有不同种类的估计方法。例如，按照估计的精确程度可以分为精确估计和粗略估计两种；按照图像的种类可以分为静态估计和动态估计两种。

精确估计是指将头部姿态在坐标轴中的各个角度求出精准的数值，而粗略估计是指判断头部姿态所属的范围，如抬头、低头、左转头、右转头等。与粗略估计相比，精确估计有着更大的难度。因为被测试对象的头部姿态不会仅仅在某一个方向内的偏转，事实上，在生活中的绝大多数情况，一个人的头部姿态总是

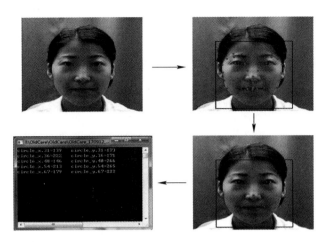

图 8-15 面部特征点定位过程

由各个方向的偏转复合而成,只在一个方向内偏转是极少数的情况,这就使头部姿态的精细估计过程变得非常复杂。另外,由摄像头采集头部图像,并将图像显示出来的过程中,会产生一定的误差,被测试者距离摄像头的距离和角度等客观因素都会引起一定的误差,使得精确估计头部姿态的过程变得更加复杂。

按照图像的种类分析头部姿态又分为静态估计和动态估计两种。静态估计是指对于任意一张人脸图片中的头部姿态进行估计,动态估计是指对于一段视频内被测对象的头部姿态进行实时估计。对于图片的静态估计,如果测试图片为标准的头部姿态数据库,可以将该数据库中测试对象的正面平视图像作为判断的基准,将其他姿态的对应特征点与标准图片中特征点位置进行计算。在极大多数情况下,我们所要判断的图片没有标准图像数据库中的那种"基准图片",那么,可以根据经验设定阈值,粗略地判断被测对象头部姿态所处的范围。对于视频的动态估计,既可以判断当前用户所处的姿势,又可以判断用户在一小段时间内所作出的头部动作。所处的姿势需要与用户正面平视的帧图像进行对比,所做出的动作可以通过比较一段时间内前后视频帧中特征点的变化来分析。

8.4.4 头部姿态估计结果分析

本节将在系统的软件平台上对头部姿态估计模型进行验证。首先介绍了软件平台中头部姿态部分的具体算法流程以及程序运行效果,接下来分别使用CASPEAL 头部姿态数据库对静态头部姿态进行估计分析,使用无线网络摄像头对动态头部姿态进行分析。

1. 软件平台的姿态识别部分简介

本实验的软件平台共有三大模块:机器人基本控制、头部姿态识别、表情识别。本节的头部姿态估计模型是该平台的第二模块,通过单击初始界面的姿态识别按钮,进入头部姿态识别模块。界面共分为图像及视频显示区域、ASM 特征点标注区域和头部姿态识别功能区域。图像及视频显示区域用于显示静态图片或动态视频,ASM 特征点标注区域用于显示 ASM 特征点标注之后的图像。头部姿态识别功能区是本模块的控制部分。头部姿态识别的程序流程如图 8-16 所示。

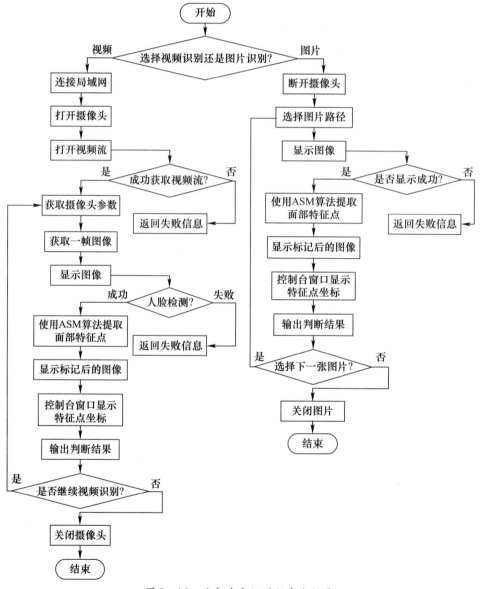

图 8-16 头部姿态识别程序流程图

2. 基于 CAS-PEAL 数据库的静态头部姿态估计分析

在头部姿态识别部分单击"打开图片",程序将跳出对话框用于选择打开图片的路径,本程序支持.tiff、.bmp、.jpg 3 种图片格式,将所选择的图片显示在图像及视屏显示区域。单击按钮"面部特征点标记",程序将使用 ASM 算法提取标记面部特征点,将关键点的坐标通过控制台窗口显示出来,并将标记后的图片在 ASM 特征点标注区域显示出来。采用 CASPEAL 姿态库验证本实验。对实验样本进行数据分析,在对 CASPEAL 数据库中的 001~010 组实验进行验证,每组实验对象选取无俯仰状态下的 7 个偏转方向。对于不同姿态的面部特征点标记正确率如图 8-17 所示,可以得出如下结果:算法对于无偏转状态下的方向 4 标记情况是最准确的,随着头部偏航角的增大,程序标注的准确率越来越低,原因在于 ASM 模板的本身特征。当人脸的主要特征点显露不明显时(本实验中随着偏转角度增大,五官逐渐变形),ASM 模板无法完成匹配,导致了准确率下降的问题。

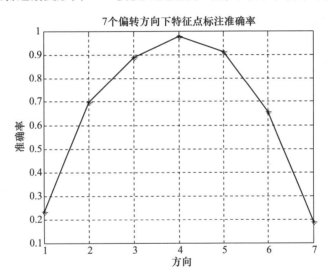

图 8-17 CAS-PEAL 数据库 7 个偏转的特征点标记正确率

3. 基于无线网络摄像头的动态头部姿态估计分析

对于视频的实时头部姿态估计,首先在实验开始之前确保软件系统与机器人本体处于同一个局域网中。单击头部姿态识别界面的"打开摄像头"按钮,程序将获取摄像头采集到的无线视频图像,并将视频图像实时显示在图像及视频显示区域。单击"头部姿态识别"按钮,程序将采用 ASM 算法对视频进行面部特征点标记,并将标记后的视频显示在右侧 ASM 特征点标注区域,将 5 个特征点的坐标显示在控制台窗口。图 8-18~图 8-20 所示为视频中 6 种典型的头部姿态的特征点标记结果。

图 8-18　无线视频图像俯仰姿态特征点标记

图 8-19　无线视频图像偏航姿态特征点标记

图 8-20　无线视频图像滚转姿态特征点标记

本实验对 5 名受试者进行实验,每名受试者分别摆出 6 种典型的头部姿态,每个姿态持续时间为 5s,每个姿态共测试 30 次,经过实验统计受试者头部姿态识别正确次数如表 8-7 所列。

表 8-7　5 个测试对象 6 种典型头部姿态的正确次数

姿态	理论检测次数	实际检测次数	成功次数	成功率
抬头	150	129	111	74%
低头	150	128	108	72%
左转头	150	122	95	63.3%
右转头	150	121	89	59.3%
左偏头	150	136	133	88.7%
右偏头	150	138	135	90%

从检测结果可以看出,该算法可以完成视频中大多数头部姿态的识别检测。在 ASM 模板匹配的过程中,对于头部滚转状态的匹配准确率要高于俯仰和偏航状态,原因是:随着俯仰和偏航角变化的过程中,面部五官逐渐发生形变,导致 ASM 模板匹配不准确。另外,由于视频传输采用无线方式,并且 ASM 模板匹配需要一定的时间,所以在匹配的过程中可能出现漏检的情况。

8.5 养老陪护机器人的用户表情识别

本节主要研究机器人对于用户表情识别的部分,采用了 LGBP 特征提取算法与协作表示分类结合的表情识别方法。

上位机图像处理与控制系统可以对任意人脸图片或者机器人采集到的无线视频流做人脸表情分析。由于人脸可以划分为一系列的面部特征单元,这些单元的不同组合影响我们的情感表达,因此,这里通过对面部单元的特征提取进行表情识别。首先,采用面部分割方法提取出每一帧图像的特征面部单元。然后,采用 Gabor 滤波器对面部单元进行特征提取,Gabor 滤波器的参数为 5 尺度 8 方向。由于提取出的特征向量维度较大,采取 LBP 算子对上述特征向量进行降维处理。最后,采用协作表示的方法对降维后的特征向量进行分类。

8.5.1 面部特征区域的划分

1. 面部动作编码系统

在 1871 年,美国心理学家 Ekman Paul 和 Friesen 最早提出了 6 种最具特征的面部表情分类方式,分别是开心、惊讶、悲伤、恐惧、厌恶、生气。人脸的表情正是由面部不同部位肌肉拉伸而形成,因此,1878 年,Ekman Paul 和 Friesen 提出了面部动作编码系统(FACS),这个系统通过对面部不同部位肌肉的描述来形成一系列的面部动作单元(AU)。在对面部表情分析时,可以将人脸表情的形成归结为不同面部 AU 单元的组合。表 8-8 所列为面部不同 AU 单元的运动状态与常见情绪的对应关系。

表 8-8 面部不同 AU 单元的运动状态与常见情绪的对应关系

AU 编号	面部肌肉运动状态	常见对应的表情
1	眉内侧上扬	惊讶、恐惧、悲伤
2	眉外侧上扬	惊讶、恐惧
4	眉毛下降	恐惧、愤怒
5	上眼睑上挑	惊讶、专注、恐惧、愤怒
6	面颊上扬	轻蔑、微笑
7	眼睑紧闭	怀疑、愤怒
8	皱鼻子	厌恶、讨厌
10	上唇上提	厌恶、不屑、鄙视、愤怒
11	鼻唇沟加深	表情强度

续表

AU 编号	面部肌肉运动状态	常见对应的表情
12	嘴角拉伸	开心
13	脸颊吹起	辅助表情强度
14	颊肌	不自信
15	嘴角下压	悲伤、不满
16	下唇下压	尴尬
17	抬下巴	生气、不满、轻蔑
…	…	…

2. 面部特征区域的划分

面部编码系统共将人脸的肌肉动作划分为 46 个基本单元,将人脸图片提取为 5 个最具有特征的区域用于表情分析,分别为双眉、双眼和嘴巴,忽略掉变化不明显的其他面部肌肉,以便于提高识别效率。在对人脸表情识别之前,通常要对图片进行人脸检测,人脸检测的目的是判断一幅图片中是否有人脸存在。如果存在,那么有多少张人脸,人脸的位置在哪里。在人脸检测过程结束后,我们将得到人脸的具体位置坐标,并使用人脸检测边界框示意人脸的位置。得到人脸检测边界后,即可对人脸进行面部特征区域的划分,在这里以人脸检测边界的左上角作为坐标原点,水平向右为 X 轴正方向,水平向下为 Y 轴正方向,假设检测边界矩形宽为 X、高为 Y,人脸特征区域的大小设置与检测边界的位置关系如表 8-9 所列。

表 8-9 人脸特征区域的大小设置与检测边界的位置关系

	左边界	右边界	宽	上边界	下边界	高
左眉毛	22/30X	16/30X	6/30X	10/30Y	13/30Y	3/30Y
右眉毛	14/30X	8/30X	6/30X	10/30Y	13/30Y	3/30Y
左眼睛	22/30X	16/30X	6/30X	13/30Y	16/30Y	3/30Y
右眼睛	14/30X	8/30X	6/30X	13/30Y	16/30Y	3/30Y
嘴巴	20/30X	10/30X	10/30X	21/30Y	26/30Y	5/30Y

按照上述划分标准,将 JAFFE 数据库中的 YM. HA1.52 划分后如图 8-21 所示。

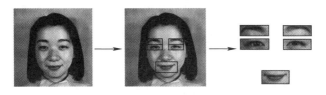

图 8-21 面部特征区域划分示意图

8.5.2 基于 Gabor 小波的面部特征提取

Gabor 小波变换是由 D. Gabor 于 1846 提出的,它是由傅里叶变换变化而来的,被广泛应用于图像处理中。Gabor 小波具有如下优点。

(1) Gabor 小波与脊椎动物的视觉皮层刺激的响应非常相似。

(2) Gabor 小波对于图像的边缘较为敏感,因此,可以较好地提取空间和频域的特征。

(3) Gabor 小波的方向和尺度可以调节,因此,对于不同的环境变换,可以提供更多的选择性。

(4) Gabor 小波对于光线不敏感,对光照的适应性较好,因此,可以提供更好的鲁棒性。

1. 傅里叶变换

在图像处理算法中经常会用到频域分析法,与空域分析法直接对图像矩阵进行处理的算法不同,频域分析法将图像由空域转换到频域,再对图像进行特征提取等处理。傅里叶变化是最常用的信号变换方法,它可以为信号的空域和频域建立连接,在图像处理领域中,我们用傅里叶变换表示将图像的灰度分布函数变换为图像的频率分布函数,也就是图像的灰度在平面空间上的梯度。

傅里叶变换满足以下两个条件。

(1) $f(t)$ 在任一有限区间上满足狄利克雷条件:信号在一周期内,连续或只有有限个第一类间断点;有限个极大值和极小值。

(2) 信号是绝对可积的,即

$$\int_{-\infty}^{+\infty} (|f(t)|) \mathrm{d}t < \infty \tag{8-9}$$

信号由时域到频域的傅里叶变换为

$$F(\omega) = \int_{-\infty}^{+\infty} f(t) \mathrm{e}^{-\mathrm{j}\omega t} \mathrm{d}t = F[f(t)] \tag{8-10}$$

信号由频域到时域的傅里叶变换为

$$f(t) = \frac{1}{2\pi} \int_{-\infty}^{+\infty} F(\omega) \mathrm{e}^{\mathrm{j}\omega t} \mathrm{d}\omega = F^{-1}[f(t)] \tag{8-11}$$

2. Gabor 小波变换

Gabor 小波是在傅里叶变换的基础上演变而来的,从傅里叶变换的公式可以看出,傅里叶变换的积分域是正负无穷,也就是说,它反应的是信号频率的统计特性,对于特定的频率无法得知其是在什么时候产生的,所以它没有局部分析信号的功能。另外,傅里叶变换对信号的齐性不敏感,当信号在较小的时间段内发生变化,信号的整个频谱会都会受到影响,但是无法得知具体的时间位置以及剧烈程度。

为了解决以上问题,Gabor 小波在傅里叶变化的基础上引入时间局部化的窗函数,因此,Gabor 小波变换又称为窗口傅里叶变换。这个窗口函数为高斯函数,将信号划分为若干小的时间间隔并分别用傅里叶变换进行分析。具体的实现过程如下:我们将所求函数用 f 表示,f 的取值范围为 $f \in L^2(R)$,则 f 的 Gabor 变换可以表示为

$$G_f(a,b,\omega) = \int_{-\infty}^{+\infty} f(t) g_a(t-b) e^{-i\omega t} dt, \quad a > 0, b > 0 \quad (8-12)$$

其中高斯函数 $g_a(t) = \frac{1}{2\sqrt{\pi a}} \exp\left(-\frac{t^2}{4a}\right)$ 就是定义中的窗口函数。$g_a(t-b)$ 表示一段时间变化内的窗函数,对 b 进行积分即可覆盖整个时域:

$$\int_{-\infty}^{+\infty} G_f(a,b,\omega) db = \hat{f}(\omega), \omega \in R \quad (8-13)$$

由上述推导最终可以得到

$$f(t) = \frac{1}{2\pi} \int_{-\infty}^{+\infty} \int_{-\infty}^{+\infty} G_f(a,b,\omega) g_a(t-b) e^{i\omega t} d\omega db \quad (8-14)$$

采用二维 Gabor 滤波器进行表情特征提取。二维 Gabor 小波的核函数可以表示为

$$\psi_{\mu,\nu}(z) = \frac{\|\boldsymbol{k}_{\mu,\nu}\|}{\sigma^2} \exp\left(-\frac{\|\boldsymbol{k}_{\mu,\nu}\|^2 \|z\|^2}{2\sigma^2}\right) \left[\exp(i\boldsymbol{k}_{\mu,\nu} z) - \exp\left(\frac{-\sigma^2}{2}\right)\right]$$

$$(8-15)$$

式中:μ 为 Gabor 核的方向,取值范围为 $\{0,1,2,3,4,5,6,7\}$;ν 为 Gabor 核的尺度,取值范围为 $\{0,1,2,3,4\}$。对于不同的 μ、ν 组合,会产生 40 个 Gabor 特征。$z = (x,y)$ 表示图像的二维坐标,k 为滤波器的中心频率 $\boldsymbol{k}_{u,v} = \begin{pmatrix} k_v \cos\varphi_u \\ k_v \sin\varphi_u \end{pmatrix}$,即

$$\boldsymbol{k}_{\mu,\nu} = (k_\nu \cos\varphi_\mu, k_\nu \sin\varphi_\mu)$$

式中:$k_\nu = 2^{\left(-\frac{\nu+2}{2}\right)} \pi$;$\varphi_\mu = \mu \frac{\pi}{n}$;$\|\boldsymbol{k}_{\mu,\nu}\|$ 为向量 $\boldsymbol{k}_{\mu,\nu}$ 的范数;n 表示方向总数。

$\dfrac{\|\boldsymbol{k}_{\mu,\nu}\|^2}{\sigma^2}$ 用来补偿由频率决定的能量谱衰弱,$\exp\left(-\dfrac{\|\boldsymbol{k}_{\mu,\nu}\|^2\|z\|^2}{2\sigma^2}\right)$ 是高斯包络函数,$\exp\left(-\dfrac{\sigma^2}{2}\right)$ 为直流分量,σ 是高斯函数的半径,规定了二维 Gabor 小波的尺寸大小,它决定了窗口宽度与波向量长度的比率,$\sigma=2\pi$。

Gabor 核函数的实部和虚部分别表示为

$$\mathrm{Re}(\psi_{\mu,\nu}) = \dfrac{\|\boldsymbol{k}_{\mu,\nu}\|^2}{\sigma^2}\exp\left(-\dfrac{\|\boldsymbol{k}_{\mu,\nu}\|^2}{\sigma^2}(x^2+y^2)\right)\left(\cos\left(\boldsymbol{k}_{\mu,\nu}\left(\dfrac{x}{y}\right)\right)-\exp\left(-\dfrac{\sigma^2}{2}\right)\right)$$

(8-16)

3. 基于 Gabor 小波的面部特征提取

通过选取不同的 u、v 可以得到一系列的 Gabor 滤波器组,对应不同参数的小波函数,将输入图像的灰度分布与上述一系列的 Gabor 核函数做卷积运算,即可提取 Gabor 的幅值作为输入图像的特征。我们以 $H(x,y)$ 表示图像的灰度分布,图像的形变特征为

$$G_{\mu,\nu}(x,y,\mu,\nu) = H(x,y) * \psi_{\mu,\nu}(x,y)$$

(8-17)

图 8-22 所示为 5 尺度 8 方向的 Gabor 小波滤波器组示意图。

图 8-22　5 尺度 8 方向的 Gabor 小波滤波器组示意图

前文所述,已将需要表情识别的人脸图片划分为 5 个主要的特征区域,将这 5 个特征表情区域分别经过 Gabor 小波变换,可以提取出每个特征区域所对应的形变特征。图 8-23 为嘴部区域的 Gabor 变换图。

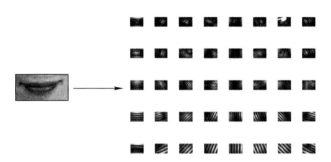

图 8-23　嘴部区域的 Gabor 变换

8.5.3　局部二值化特征降维方法

LBP 算子是一种常用的特征提取及降维方式,在图像处理过程中,人们常用 LBP 算子描述图像的纹理特征。在本实验中,将采用 LBP 算子对人脸 Gabor 特征进行降维。

1. LBP 算子简介

LBP(Local Binary Pattern)又称为局部二值模式,由 Ojala 等于 1886 年提出。LBP 算法的核心思想如下。

(1) 将图像中的某一像素点作为中心像素,它的灰度用 $H_c(x,y)$ 表示。

(2) 选择用于描述中心像素点的 LBP 算子窗口大小。窗口大小可以用 (R,P) 表示,其中 R 代表邻域像素点与中心像素的距离,P 代表与中心像素点距离为 R 的邻域像素点的个数。常用的窗口大小有 $(1,8)$、$(2,16)$、$(3,16)$、$(4,16)$ 等,不同窗口的选取示意图如图 8-24 所示。由示意图可知,当选取 $R=1,P=8$ 时,我们在中心像素点周围建立的一个 3×3 的窗口。

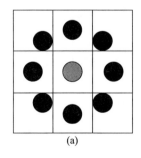 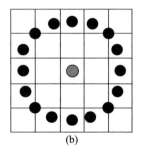

(a)　　　　　　　　　　　　(b)

图 8-24　不同窗口大小的 LBP 算子

(a) $P=8,R=1$; (b) $P=16,R=2$。

(3) 邻域像素点二值化运算。用 $H_p(x,y)$ 表示邻域像素点的灰度,当 $H_p >$

H_c 时,记该邻域像素点的值为 1;当 $H_p < H_c$ 时,记该邻域像素点的值为 0。即 $S(H_p - H_c) = \begin{cases} 1, H_p > H_c \\ 0, H_p < H_c \end{cases}$,得到邻域像素的二进制编码,具体的计算过程如图 8-25 所示。

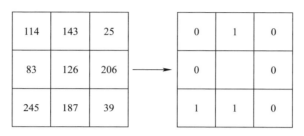

图 8-25　LBP 编码过程示意图

（4）计算中心像素点的 LBP 值。按照顺时针的顺序得到中心像素的二进制编码,第 p 个像素点对应的权重系数为 2^p,对 p 个邻域像素点进行求和 $\mathrm{LBP}(I_c) = \sum_{p=0}^{7} S(H_p - H_c) \cdot 2^p$,即可得到中心像素点的 LBP 值。如(3)中的二进制编码为 01011001,对应的中心像素 LBP 值为 88,如图 8-26 所示。

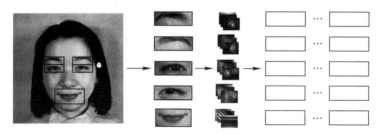

图 8-26　LGBP 算法流程图

（5）将整个图像进行 LBP 算子遍历,得到输入图像的 LBP 图谱。对 LBP 图谱进行直方图统计得到输入图像的特征向量。

2. 基于 LBP 算子的特征降维

前文所述,已将人脸划分为 5 个面部特征区域,并将这 5 个区域分别经过 Gabor 滤波器进行特征提取。对于每一个面部特征区域,以左眼为例,该区域的大小为 80×30,经过 5 尺度 8 方向的 Gabor 滤波器后,提取出的特征向量共有 80×30×40＝108000 维。由于表情分类过程中需要对分类器进行大样本训练,直接分类会因为维度过高影响分类的准确率以及速度。因此,采用 LBP 算子对 5 个特征区域的 Gabor 特征进行降维处理。具体的计算过程是:求出每个像素点进行 Gabor 变换后幅值的 LBP 编码,前面提到以 $H(x,y)$ 表示图像灰度,则图像经过 Gabor 变换后为

$$G_{\mu,\nu}(x,y,\mu,\nu) = H(x,y) * \psi_{\mu,\nu}(x,y) \qquad (8-18)$$

以 $G_c(x,y,\mu,\nu)$ 表示中心像素 Gabor 幅值的 LBP 编码,$G_p(x,y,\mu,\nu)$ 表示邻域像素 Gabor 幅值的 LBP 编码,则图像 Gabor 图谱的 LBP 编码可以表示为

$$\text{GLBP} = \sum_{p=0}^{7} S(G_p(x,y,\mu,\nu) - G_c(x,y,\mu,\nu)) \cdot 2^p \qquad (8-19)$$

将每个区域的 40 个 Gabor 特征都经过 LBP 算子运算。接下来,利用直方图统计方法对特征进行二次降维。直方图统计的主要思想是:将输入图像的LGBP特征平均分割为多个小的矩形区域,它们互不相交。用直方图分别统计每个区域中不同灰度值的像素点个数,将相同灰度的像素点进行累加,得到了低维度的 LGBP 直方图特征。假设图像的灰度 $H(x,y)$ 共有 h 个灰度级别($i=0,1,2,\cdots,h-1$),则第 i 个灰度级别所对应的像素点个数 $N_i = \sum_{x,y} n(H(x,y) = i)$,$i=0,1,2,\cdots,h-1$。当第 i 个灰度级别存在时,嘴部区域的 Gabor 图谱经过 LBP 算子后得到的灰度统计图。遍历 u、v,得到嘴部区域 40 个 Gabor 变换图所对应的 LBP 直方图。

假设图像的 LGBP 特征被分割为 m 个小区域,每一个子区域的直方图串联成一个 λ 序列,则整个特征区域的特征向量为

$$\boldsymbol{\tau} = \{\lambda_{0,0,0}, \cdots, \lambda_{0,0,m-1}, \lambda_{0,1,0}, \cdots, \lambda_{0,1,m-1}, \cdots, \lambda_{4,7,m-1}\} \qquad (8-20)$$

将面部 5 个特征区域分别计算对应的特征向量 $\boldsymbol{\tau}_i$,可以得到该种表情的特征向量为

$$\boldsymbol{E} = (\boldsymbol{\tau}_1, \boldsymbol{\tau}_2, \boldsymbol{\tau}_3, \boldsymbol{\tau}_4, \boldsymbol{\tau}_5)^{\mathrm{T}} \qquad (8-21)$$

图 8-27 所示为开心表情对应的特征向量示意图。

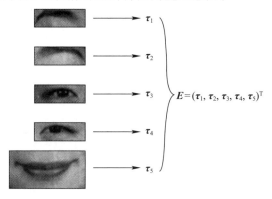

图 8-27 开心表情的特征向量

8.5.4 基于 LGBP 特征提取与协作表示的表情识别方法

前面主要介绍了如何提取一幅人脸表情图像的特征向量,本节将介绍对特征向量的分类方式。对特征向量进行分类是人脸表情识别的最后一个过程,同时也是非常关键的过程,分类器的选取将会决定表情分类的准确率和速度。下面将详细介绍稀疏表示的分类方式以及由稀疏表示演化而来的协作表示的分类方式,最后研究了将协作表示的分类方法用于对 LGBP 特征向量进行分类,判别表情最终归属的有效性。

协作表示(CRC)的分类方法是由稀疏表示的分类方法演变而来的。稀疏表示(SRC)的分类方式最早由 Wright 等在压缩感知理论的基础上提出。它的基本思想是:基于训练样本库中的每种类别建立稀疏字典,那么,测试样本可以由稀疏字典的线性组合表示,在理想状态下,只有与测试样本同类别的训练样本的系数是非零的,而与测试样本不同类别的训练样本的系数为零,由系数可以判断出测试样本所归属的类别。

假设训练样本库可以表示为 $A=[A_1,A_2,\cdots,A_n]$,n 表示测试样本的总类别数,那么,待测样本 y 可以表示为 $y=x_1A_1+x_2A_2+\cdots+x_nA_n=Ax$,向量 $x=[x_1,x_2,\cdots,x_n]^T$ 表示该待测样本的稀疏系数。由此分类的过程转化为求解测试样本的稀疏向量。根据压缩感知理论,问题转化为 $x_o=\mathrm{argmin}\parallel x\parallel_0$ 使得 $Ax=y$。即求解该表达式的 l_0 范数。可以用 l_1 范数的最小值代替 l_0 范数的最小值,即 $\hat{x}_o=\mathrm{argmin}\parallel x\parallel_1$ 使得 $Ax=y$。$\hat{x}_o$ 即为我们要求的稀疏解。最后计算测试样本与每个类别的最小残差值 $\mathrm{min}r_l(y)=\parallel y-A\delta_l(\hat{x}_l)\parallel_2$,残差值取得最小时,$\hat{x}_l$ 中权重最大的分量即为测试样本所对应的类别。

在对样本的分类过程中,测试样本间的协作表示同样对分类起到很关键的作用,样本间的稀疏性并不是真正的决定因素。在对稀疏表示的求解过程中过于强调了 l_1 范数,使得样本维数过大,反而会降低分类速度。采用 l_2 范数进行求解,依然可以保证分类的准确率,同时可以提高运算速度。改进之后的分类问题转换为求解 $\hat{x}=\mathrm{argmin}\parallel x\parallel_2$,使得 $\parallel Ax-y\parallel_2\leq\varepsilon$,$x=[x_1,x_2,\cdots,x_n]^T$,重构的测试样本为 $\hat{y}=\sum_iA_i\hat{x}_i$。重构残差为 $r_l(y)=\parallel y-A_i\hat{x}_i\parallel_2/\parallel\hat{x}_i\parallel_2$,残差值取得最小时,$\hat{x}_l$ 中权重最大的分量即为测试样本所对应的类别。

训练样本中共有 6 种基本表情 $F=\{f_1,f_2,f_3,f_4,f_5,f_6\}$,分别计算每种表情对应的平均特征向量 E_i,训练样本的特征向量构成矩阵 $E=\{E_1,E_2,E_3,E_4,E_5,E_6\}$,$E$ 已在上文中求得,即为本实验的稀疏字典。接下来对测试样本 $y=x_1E_1+x_2E_2+\cdots+x_6E_6=Ax$ 进行 l_2 范数求解:$\mathrm{min}r_l(y)=\parallel y-A_i\hat{x}_i\parallel_2/\parallel\hat{x}_i\parallel_2$,求出

$r_1(y)$ 最小时，$\hat{x}_l$ 中权重最大的分量即为该表情所属的类别。

在 JAFFE 数据库上验证本算法。本采用 JAFFE 表情数据库作为静态验证，选择 10 个受试者，将每位受试者的 6 种表情识别结果进行统计。在对每种表情分别进行 LGBP 特征提取的基础上，比较稀疏表示与协作表示分类的识别率和识别时间。二者对比如图 8-28 和图 8-29 所示。

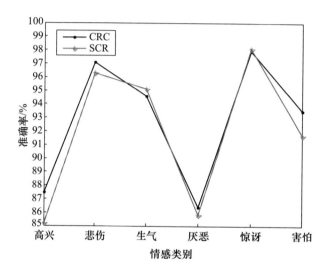

图 8-28 基于 JAFFE 数据库的 6 种表情识别率比较

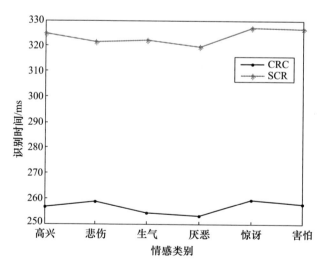

图 8-29 基于 JAFFE 数据库的 6 种表情识别时间比较

通过对比上述结果可知,对于每种表情进行LGBP特征提取之后,采用协作表示的分类方式与稀疏表示的分类方式得到的识别率相差不大,但是协作表示的分类时间要明显快于稀疏表示。可见,协作表示的分类方式可以提高面部表情的识别效率。

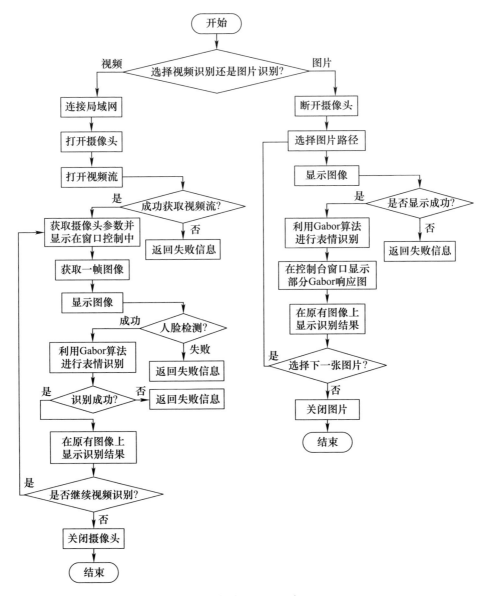

图8-30 表情识别的程序流程图

8.5.5 实验结果分析

1. 软件平台的表情识别部分简介

采用软件平台的第三模块 – 表情识别进行实验结果的验证。单击初始界面的表情识别按钮即可进入表情识别模块。可以看出,界面共分为 3 个主要的区域:识别显示区域、表情识别控制区域和摄像头参数显示区域。其中识别显示区域用于显示静态图片或接收到的无线视频信息,同时,表情处理过的信息也在该窗口显示。表情识别控制区域是本模块的控制部分,单击"打开摄像头"或"打开图片"按钮,程序将视频图像或静态图片显示在显示区域。如果是视频图像,摄像头参数显示部分将实时显示摄像头的主要参数。单击"开始识别"或"表情识别",程序将对视频图像或静态图片进行 LGBP 表情识别,同时显示识别结果。对于图片识别,本程序增加了一个"Gabor 特征"按钮,此功能用于查看几个关键的面部区域做 Gabor 变换后的结果图。"关闭摄像头"按钮用于关闭已打开是视频图像。表情识别的程序流程如图 8 – 30 所示。

2. 基于 JAFFE 数据库的静态表情识别分析

在表情识别界面单击"打开图片",程序将跳出选择图片的路径,表情识别部分同样支持 . tiff、. bmp、. jpg 3 种图片格式,被选中的图片将在识别显示区域显示出来。单击"Gabor 特征",程序会将人脸图片进行分割,主要有眉毛、眼睛、嘴巴这几部分,再对不同区域进行 Gabor 变换,不同部分的 Gabor 变换效果图将由窗口显示,如图 8 – 31 所示。单击"表情识别"按钮,左边的图像上会显示最终的识别结果,如图 8 – 32 所示。

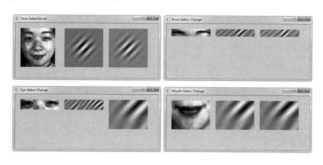

图 8 – 31　不同区域的 Gabor 变换效果图

3. 基于无线网络摄像头的动态表情识别分析

对于无线视频中被测对象的表情识别,单击"打开摄像头"后,程序将采集到的无线视频显示在识别显示区域,单击"开始识别"按钮,程序将采用 LGBP 结合稀疏表情的方式进行表情识别,最终将识别结果显示在原有的视频图像上。

第 8 章 基于人工心理的养老服务机器人系统

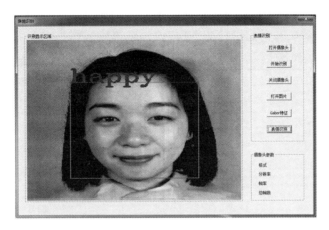

图 8-32 表情识别结果显示示意图

图 8-33～图 8-35 所示为视频中 6 种典型表情识别结果。

图 8-33 无线视频图像中快乐和悲伤的表情识别

图 8-34 无线视频图像中厌恶和生气的表情识别

图 8-35 无线视频图像中惊讶和害怕的表情识别

利用无线网络摄像头对 5 名受试者进行实时动态表情识别,每名受试者摆出 6 种典型的表情,每种表情检测 5 次,识别率统计如表 8-10 所列。

表 8-10 动态视频中不同表情的识别率统计

	开心	悲伤	生气	厌恶	惊讶	恐惧
测试者 1	80%	60%	60%	60%	100%	60%
测试者 2	60%	80%	60%	20%	80%	40%
测试者 3	60%	80%	60%	40%	60%	40%
测试者 4	80%	60%	60%	60%	100%	60%
测试者 5	100%	60%	60%	20%	80%	60%
平均识别率	76%	68%	60%	40%	84%	52%

从实验结果可以看出,本实验对于静态图片的识别率要高于动态视频。具体原因如下。

(1) 算法的分类器是使用静态表情数据库为样本进行训练,而实际生活中的人脸表情与表情数据库仍然有差别。

(2) 表情数据库样本数量有限,导致训练出的分类器与理想效果存在偏差。

(3) 现实生活中的人脸表情图像容易受光线、遮挡物等外在因素影响。

(4) 摄像头采集视频图像时会产生一定的误差,导致特征提取不够准确。

第 9 章 基于微表情语义认知的情感交互研究

自然人机交互作为推动人类生活的智能化信息技术具有重要的研究意义。情感认知能力是衡量交互友好性的关键技术指标,在相关研究领域受到了广泛关注。微表情反映了人类真实的情感状态,是分析情感计算模型的重要来源。鉴于此,本章内容主要通过微表情语义特征分析实现交互者真实情感的捕捉并对机器人内在的情感状态转移机制展开研究。首先,根据微表情时空梯度特征和局部自适应阈值算法获取面部视觉关注区域,并基于注意力模型及时空上下文认知知识,建立微表情语义特征提取方法,同时利用稀疏编码实现特征降维,为后续情感建模提供了研究基础;其次,针对存在小样本量下识别率低和增量数据下模型重训练代价高的问题,将基于情感信息熵的特征迁移算法与宽度学习系统相结合,构建具有个性化认知的微表情增量式情感映射模型;再次,结合内在性格特征与外界情感刺激,引入 Gross 认知重评和表达抑制策略,建立基于 HMM 的认知情感状态转移模型,使机器人具备自我情感认知和合理情感反馈的能力;最后,在自闭症儿童辅助治疗系统中,通过构建自闭症儿童数据集并开展仿真与临床实验,验证本文所提情感交互模型的可行性。

9.1 基于时空梯度特征的视觉关注区域检测

微表情作为表情的一种类型,发生过程中一般会伴随着面部局部肌肉的形变而非整个面部。例如,"咧嘴"的表情中受试者的嘴部肌肉发生了显著性变化,而其他区域的变化不明显。这种情况下,人类通常会把视觉注意力转移到嘴部区域,重点理解嘴部特征所表现出的情感状态,减少其他区域的视觉关注度。可见,人脑在处理和加工信息时,通过采用视觉关注方式,即重点关注与目标相关的特征区域,过滤掉不相关信息。将全局特征作为模型输入的方式(即直接将整张图片作为模型的输入)会将大量冗余信息(噪声信息)加入到模型训练和测试阶段,导致模型计算量增加,造成资源浪费。通过引入视觉关注度,将模型的注意力从图像全局转向局部,能够使其侧重于关键特征区域的学习,有助于快速捕捉有效的特征信息。这种基于视觉关注度的模型被广泛应用于各类机器学习任务中,并取得了显著效果。

因此,在微表情特征分析中可以通过基于局部时空梯度特征的视觉关注区域检测。利用面部关键特征点将整幅图像分割成多个局部区域,分别围绕各局部区域构建微表情 3D HOG 特征描述子。之后,以局部梯度特征直方图为依据,引入自适应阈值算法提取显著特征区域(视觉关注区域)。

9.1.1 面部区域选取

在人类的交往中,人类的面部区域随着表达情感的不同而表现出不同程度的变化。面部动作编码系统(Facial Action Coding System, FACS)将人脸分成了大约 46 个动作单元(Action Unit, AU),每一个动作单元代表某一面部局部区域的一种动作。经观测所有的 AU 发现,涉及到眼睛、鼻子和嘴巴区域的 AU 模块占所有模块的 90% 以上。由此可知,人的鼻子、眼睛及嘴部区域在表情分析中能够提供更有价值的信息,通过观察这些面部区域(关键部位)的变化往往能够跟踪到微表情的发生。

为了在较小计算量的情况下得到较准确的微表情情感识别率,根据面部动作编码系统(FACS)选取最具代表性的面部局部区域来分析微表情。局部区域选取的具体过程如下。

(1)在微表情视频序列的首帧中进行面部关键特征点标定(图 9-1(a))。在面部图片中,围绕眉毛、眼睛、鼻子和嘴巴进行特征点标定,每幅图片包含 16 个标定点。

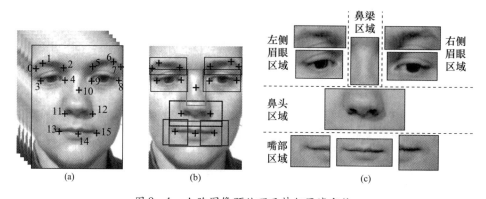

图 9-1 人脸图像预处理及特征区域定位

(a)面部关键特征点标定;(b)面部特征区域划分;(c)局部区域的选取。

(2)根据标定特征点确定面部的各个区域所在的位置,通过空间几何关系计算出各矩形区域的左上角坐标和右下角坐标。由于眉眼间的区域变化较为微小但携带丰富的信息量,本文将其划分为单独的特征区域进行分析。另外,选取出的各区域均略大于实际计算的尺寸,以便重要的特征被包含在关键区域内。分割出8个关键特征区域如图9-1(b)所示。

（3）在微表情视频序列中,各局部区域的时空立方体被提取出以便后续的特征提取和分析(图9-1(c))。立方体的三维坐标轴分别为 x 轴、y 轴和 t 轴,其中 x 轴、y 轴反映了微表情在像素空间中的特征变化,t 轴反映了微表情在时间(序列帧)上的特征变化(图9-2)。

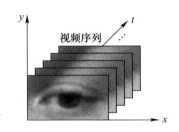

图9-2 人脸图像预处理及特征区域定位

9.1.2 局部时空梯度特征描述

围绕面部区域的划分情况,结合时间 t 建立图像的局部立方体。在微表情的检测和特征提取过程中,由于其自身的短暂性、幅度变化低等特征,利用三维方向梯度直方图(3D Histogram of Oriented Gradient,3D HOG)进行微表情检测。它通过梯度衡量微表情的发生,与HOG不同之处在于增加了时间维度的特征描述,能够用于时空多尺度的特征描述。

图像中每个像素点的周边存在8个临近的像素点,因此,本文将 XOY 平面上的梯度方向划分为8组(图9-3)。其中,图9-3(a)展示了任意像素点通过与其周边像素灰度值进行计算并获得该像素的梯度;由图9-3(b)的方向划分可知,该梯度所在的方向为第8组。将所有梯度按照方向进行叠加计算可以观测出面部形状和外观在各个方向上的变化。

通过将 XOT 和 YOT 平面的梯度方向划分成12组,其中越靠近 t 轴表明特征变化越缓慢,越靠近 x 轴(或 y 轴)表明特征变化越快(图9-4)。图中,第1组和第7组为缓慢变化区,表示像素在垂直方向上发生低强度变化;第4组和第10组为快速变化区,表示像素在垂直方向上发生高强度变化;其余小组为中速变化区,表示像素在 t 方向和 y 方向上变化强度相近。由于 XOT 和 YOT 平面两类平面的分割方式相同,因此,图9-4展示的分割方式对这两类平面均适用。

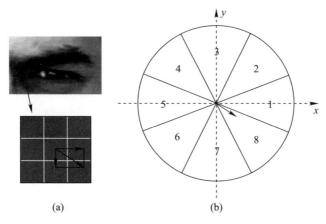

图 9-3 XOY 平面上的梯度计算

(a)任意像素点的梯度;(b)梯度方向分组。

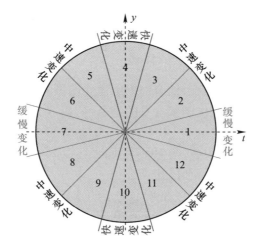

图 9-4 YOT 平面上的梯度方向分组

将每一局部区域的所有梯度 δv_{xy}、δv_{xt}、δv_{yt} 按照 32 个梯度方向进行累加,形成梯度方向直方图,即为视频序列的局部时空描述子。视频序列中任意两帧之间的动态变化都可以由一个具有 32 维的时空特征描述子来表示。特征描述子中的每一个值是图像在某一方向上的所有梯度之和。

9.1.3 视觉关注区域检测

微表情发生的整个过程包括"收缩"("开始—>顶点")、"保持"("保持顶点")和"恢复"("顶点—>释放")3 种状态,计算出梯度方向角和大小也会随之发生变化。即梯度方向角和大小包含"变大""保持"和"变小"3种状态,并且"变大"和"变小"两个阶段的梯度方向相反(图9-5)。

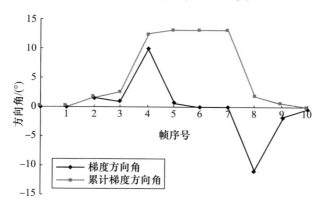

图9-5 微表情发生中梯度方向角变化

通过计算各像素水平方向梯度和垂直方向梯度大小 $m_{xt}(i)$、$m_{yt}(i)$,将面部局部区域在各方向上的梯度进行累加,归一化后获得局部区域梯度直方图,具体描述为

$$\begin{cases} MX_k = \dfrac{\sum\limits_{i=1}^{n_k}\sum\limits_{t=1}^{T} m_{xt}(i)}{\sum\limits_{k=1}^{9}\sum\limits_{i=1}^{n_k}\sum\limits_{t=1}^{T}(m_{xt}(i)+m_{yt}(i))}, \quad k=1,2,\cdots,9 \\[2mm] MY_k = \dfrac{\sum\limits_{i=1}^{n_k}\sum\limits_{t=1}^{T} m_{yt}(i)}{\sum\limits_{k=1}^{9}(\sum\limits_{i=1}^{n_k}\sum\limits_{t=1}^{T} m_{xt}(i)+m_{yt}(i))}, \quad k=1,2,\cdots,9 \end{cases} \quad (9-1)$$

微表情发生时各局部区域的变化幅度存在非常大的差异性,采用全局阈值的方式往往会忽略掉在全局梯度占比较小的区域,尽管该区域携带着大量的情感信息。例如,在表情发生时,鼻梁区域在整个表情发生中梯度值比较小,而眉毛区域的梯度值占比则比较大,此时,若按照全局阈值分割方式便会忽略掉鼻梁区域,显然,这种阈值选择方式是错误的。为了防止上述情况的发生,本文采用局部自适应阈值分割方式,计算当前局部区域的梯度值,并通过视觉关注区域和非视觉关注区域的最大类间方差,找到当前局部区域的最佳阈值 θ^*。最大类间方差计算公式为

$$\theta^* = \mathrm{argmax}\, M_k'(\mu_k' - \bar{\mu}_k) + M_k''(\mu_k'' - \bar{\mu}_k) \quad (9-2)$$

9.2 基于视觉注意力的上下文语义认知和特征稀疏化

微表情具有隐匿性、肌肉变化幅度小的特点,在特征提取阶段需要注重面部肌肉的细微变化。通过 3D HOG 描述符进行视觉注意力分析,可以获得微表情视觉关注区域。这种时空梯度特征序列表征了微表情时空维度上的边沿分布状态,在描述图像内部细粒度特征变化方面存在局限性。深度学习算法提取的图像特征携带有更丰富的特征信息,能够描述内部特征的细微变化,与人工特征相比具有更强的鲁棒性和可移植性。目前,CNN 算法在微表情特征提取方面获得了广泛的应用。另外,微表情序列在时间维度和空间维度的上下文之间存在着大量的关联关系,为微表情情感识别提供着重要的语义信息。围绕时空上下文知识,本节设计了一种上下文注意力语义理解模型。该模型将卷积神经网络(CNN)与门限循环单元网络(GRU)相结合,并在网络结构中引入注意力机制,从而获取到与情感相关的语义特征。

该模型主要包含两个模块:时间上下文认知模块和空间上下文认知模块(图 9 - 6)。

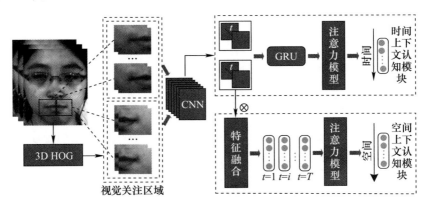

图 9 - 6 上下文注意力语义理解模型

(1)时间上下文认知模块。旨在挖掘微表情时间维度上的语义特征,以静态深度卷积特征为输入数据,围绕各视觉关注区域构建基于 GRU 的注意力的模型,通过注意力函数获取时间上下文语义特征。

(2)空间上下文认知模块。旨在挖掘微表情空间维度上的语义特征,将各视觉关注区域的深度卷积特征相互融合,通过前向反馈神经网络训练融合特征的注意力权值,从而获取空间上下文语义特征。

以上两个模型的输入数据均来自于 CNN 网络获取的视觉关注区域细粒度

特征。采用基于 VGG16 的 CNN 网络模型,通过多个卷积层和池化层的训练使得网络模型能够学习复杂的细粒度特征。另外,本文将局部梯度方向直方图和原图像共同作为 CNN 网络的输入数据,即在每帧数据中,将梯度图和原图像沿通道方向进行叠加,形成具有四通道(R 通道、G 通道、B 通道、梯度通道)的输入数据。

9.2.1 时间上下文认知

在时间上下文认知模块中,本文将 CNN 提取出的深度卷积特征作为输入,采用门限循环单元(GRU)编码器充分挖掘微表情各局部区域上下文之间的时序关系,计算各时刻输出特征向量 $G_t, t = 1, 2, \cdots, T$,并联合解码器上一时刻的情感状态 E_{t-1} 进行注意力分析获得新的特征向量(图 9-7)。

针对微表情各视觉关注区域块,选取 CNN 网络模型最后一层卷积的特征矩阵进行计算,将各时刻特征矩阵按照时间顺序分别输入至 GRU 网络中,保留微表情发生的时序关系。假设视觉关注区域块内的底层特征为 $V_t, t = 1, 2, \cdots, T$,利用 GRU 网络对特征矩阵集进行学习,可获得每一步的隐藏状态 $G_t = [G_{t1}, G_{t2}, \cdots, G_{tm}]$。

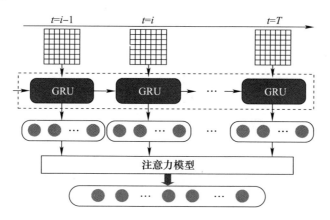

图 9-7 时间上下文认知模块

注意力权值反映着情感状态与编码器中间层输出之间的依赖关系,每一个特征向量均有与之对应的注意力权值。结合特征向量 G_t 和上一时刻的情感输出 E_{t-1},当前时刻的注意力权值由如下公式计算:

$$a_{ti} = \frac{\exp(f(E_{t-1}, G_{ti}))}{\sum_{i=1}^{m} \exp(f(E_{t-1}, G_{ti}))}$$

$$f(E_{t-1}, G_{ti}) = V_a^T \tanh(W_a' E_{t-1} + W_a G_{ti}) \qquad (9-3)$$

本文通过利用反馈神经网络来计算注意力函数 $f(E_{t-1}, G_{ti})$ 的参数矩阵 W_a、W_a'。将 GRU 网络输出的特征向量进行加权求和,获得时间上下文特征向量 C_t,具体如下:

$$C_t = \sum_{i=1}^{m} a_{ti} G_{ti} \qquad (9-4)$$

那么,将各局部视觉关注区域的时间上下文特征进行合并,即可获得整个面部关注区域的时间上下文特征向量 $C_{\text{Time}} = [C_1, C_2, \cdots, C_i, \cdots, C_T]$。

9.2.2 空间上下文认知

在空间上下文认知模块中,先将各局部特征矩阵按照面部空间分布进行融合,形成融合特征矩阵,之后将融合特征矩阵输入至注意力模型,获得空间上下文特征向量。在特征融合阶段,首先依据图像的空间位置将局部区域特征按照从上到下、从左到右的顺序进行排序。之后,依据特征排列顺序将当前局部区域特征向量与其后的局部区域特征向量相乘,获得融合特征矩阵(图 9-8)。

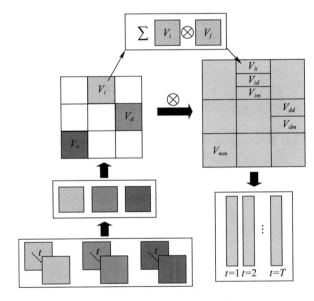

图 9-8 基于空间上下文关系的特征融合

具体计算过程如下:假设整个面部区域中包含 m 个视觉关注区域,那么,其底层特征矩阵集可表示为 $V = \{0, V_1, V_2, \cdots, 0, \cdots, V_m, 0\}$,其中空矩阵表示非视觉关注区域。对于单帧图像而言,第 i 个关注区域的融合特征矩阵可由以下公

式计算:

$$V'_i = [V_{ii+1}, V_{id}, \cdots, V_{im}]$$

$$V_{id} = \sum_{j=i+1}^{d} V_i \otimes V_j \tag{9-5}$$

值得注意的是,在计算当前局部区域新特征时,不将其与前面区域的特征融合,以便与面部空间分布保持一致性。将视觉关注区域特征按时间顺序进行合并,可获得该区域块的融合特征向量。第 i 个区域块的融合特征向量可表示为

$$\hat{V}'_i = \{\hat{V}_{ii+1}, \hat{V}_{id}, \cdots, \hat{V}'_{im}\}$$

$$\hat{V}'_{id} = [V_{id}(1), V_{id}(2), \cdots, V_{id}(T)] \tag{9-6}$$

由以上可知,整个微表情序列的融合特征为 $\hat{V}' = \{0, \hat{V}'_1, \hat{V}'_2, \cdots, 0, \cdots, \hat{V}'_m, 0\}$。采用反馈神经网络进行注意力权值计算。通过计算各区域特征向量与情感状态之间的相关性衡量注意力权值。注意力权值计算公式如下:

$$a_{j,i} = \frac{\exp(f(E_{j-1}, \hat{V}'_i))}{\sum_{i=1}^{m} \exp(f(E_{j-1}, \hat{V}'_i))}$$

$$f(E_{j-1}, \hat{V}'_i) = \hat{\boldsymbol{V}}_a^{\mathrm{T}} \tanh(\hat{\boldsymbol{W}}'_a E_{j-1} + \hat{\boldsymbol{W}}_a \hat{V}'_i) \tag{9-7}$$

式中: E_{j-1} 为解码器第 $j-1$ 个面部区域的隐藏状态; $\boldsymbol{W}_a$、$\boldsymbol{W}'_a$ 为反馈神经网络的参数矩阵。将融合特征与注意力权值进行加权求和,获得第 j 个面部区域空间上下文特征 $\hat{C}_j$,具体如下:

$$\hat{C}_j = \sum_{i=1}^{m} a_{j,i} \hat{V}'_i \tag{9-8}$$

那么,将各区域的空间上下文特征进行合并,即可获得整个面部关注区域的空间上下文特征向量 $\boldsymbol{C}_{\mathrm{Space}} = [\hat{C}_1, \hat{C}_i, \cdots, \hat{C}_m]$。

9.2.3 微表情细粒度特征的稀疏编码

大脑皮层的过完备表征提供了复杂信息的简单表示,使得用于表征外界的神经元数量大大减少,从而最大限度地节约用于传递信息的能量。稀疏表示是一种类似于人类视觉处理的信息表达模式。稀疏字典的过完备性提供了复杂信息的简单表示,由大量的基元信号组成。在机器视觉领域,它可以将高维的图像特征表示成由一组过完备基元信号的线性组合,获得的稀疏矩阵中只存在少量

不为零的元素,保证图像情感信息不失真的情况下,大大地降低了数据维度,提升了表情情感分类的效率。

依据 CNN 网络特性,其最后一个卷积层的输出特征矩阵保留着原始图像的时空特性。利用 CNN 网络输出的特征矩阵开展微表情细粒度特征的稀疏编码。全局稀疏编码方法需要遍历整个面部基向量,而微表情通常仅有局部面部肌肉发生变化,在特征稀疏表达时无疑会产生大量的无效计算,导致增大运算时长。为了避免以上情况的发生,本文采用构建局部稀疏字典集的方式,微表情细粒度特征依据自身时空特性选择稀疏字典并实现相应的稀疏表达。具体描述如下:围绕面部局部区域块 V_i 建立对应的稀疏字典 $\boldsymbol{B}_i = \{b_j^i, j = 1, 2, \cdots, n\}$,每一区域块对应一个稀疏字典,即 $V_i \sim \boldsymbol{B}_i$。当前的面部区域的细粒度特征均可由与之对应的字典稀疏地表示。

给定任意微表情局部区域 V_i 的细粒度特征向量 $\boldsymbol{X}_{it} \in R^{h \times T}$,$h$ 为面部局部区域的数量,T 为视频序列数。其可由稀疏字典 $\boldsymbol{B}_i \in \{\boldsymbol{B}_i\}_h$ 线性地表示为

$$\boldsymbol{X}_{it} = \boldsymbol{B}_i \boldsymbol{S}_{it} = \sum_{j=1}^{n} s_j^{it} b_j^i \tag{9-9}$$

式中:$\boldsymbol{B}_i = [b_1^i, b_2^i, \cdots, b_n^i]$ 为第 i 个区域对应的稀疏字典,由 n 个基向量组成;稀疏系数 $\boldsymbol{S}_{it}$ 为字典 $\boldsymbol{B}_i$ 作用下细粒度特征 $\boldsymbol{X}_{it}$ 的稀疏表达。

为了获得最优稀疏解向量,稀疏编码模型可表示成如下优化函数:

$$\min_{\boldsymbol{S}_{it}} \|\boldsymbol{S}_{it}\|_0, \text{s. t.} \ \|\boldsymbol{X}_{it} - \boldsymbol{B}_i \boldsymbol{S}_{it}\|_2 \leq \varepsilon \tag{9-10}$$

式中:ε 为稀疏表示的近似误差阈值;$\|\boldsymbol{X}_{it} - \boldsymbol{B}_i \boldsymbol{S}_{it}\|_2$ 为特征 $\boldsymbol{X}_{it}$ 在字典 $\boldsymbol{B}_i$ 下的重构误差。依据稀疏性理论,$\boldsymbol{S}_{it}$ 中只有少量的非零系数,其余均为零值。换句话说,$\boldsymbol{X}_{it}$ 在字典 $\boldsymbol{B}_i$ 下是稀疏的,可被矩阵 $\boldsymbol{S}_{it}$ 稀疏地表示。

针对 l_0 范数最优化求解是一个 NP‑hard 问题,通过凸松弛算法将 l_0 范数松弛为 l_1 范数之后,式(9-10)转化为以下优化问题:

$$\min_{\boldsymbol{S}_{it}} \|\boldsymbol{X}_{it} - \boldsymbol{B}_i \boldsymbol{S}_{it}\|_2^2 + \|\boldsymbol{S}_{it}\|_1, i \in [1, h], t \in [1, T] \tag{9-11}$$

式中:$\|\boldsymbol{X}_{it} - \boldsymbol{B}_i \boldsymbol{S}_{it}\|_2^2$ 确保了足够小的重构误差。重构误差越小,表明当前字典下学习到的稀疏系数能够较好地表示原始特征;重构误差越大,表明特征的显著度越高,当前字典无法稀疏地表示原始特征数据,也就是说,该面部细粒度特征与训练集中的特征差异性较大。

微表情局部细粒度特征集可表示为 $\boldsymbol{X}_i = [X_{i1}, X_{i2}, \cdots, X_{iT}], i \in [1, h]$。由以上可知,在字典 $\boldsymbol{B}_i$ 下局部区域块的稀疏特征矩阵可由单帧稀疏特征编码按照时间顺序组合获得,其稀疏最优化公式为

$$\min_{S_{it}} \sum_{t=1}^{T} (\| X_{it} - D_i S_{it} \|_2^2 + \lambda \| S_{it} \|_1) \qquad (9-12)$$

式中:λ 为稀疏正则化参数。

同样地,微表情序列的细粒度特征集 $X = \{X_i\}_h$ 在字典集 $B = \{B_i\}_h$ 下的稀疏最优化公式可表示为

$$\min_{S_{it}} \sum_{t=1}^{T} \sum_{i=1}^{h} (\| X_{it} - B_i S_{it} \|_2^2 + \lambda \| S_{it} \|_1) \qquad (9-13)$$

采用多次同步正交匹配追踪(SOMP)算法可获得优化函数的解。其主要思想是:利用相似向量具有相同的稀疏特性,在对近似相等的向量进行稀疏表示时,认定其拥有相同的位置,并且选择的超完备字典中的基向量相同。通过选择字典中最能表示特征向量的基向量对待测的特征描述子集进行映射,然后计算重构误差。固定被映射的特征向量,求解字典 B。通过迭代不断减小重构误差的值。当迭代次数超过某个值或其误差值在某个范围内不再变化时,则迭代结束,这样获得了最终的字典码本。经过最优化计算之后进行组合获得微表情序列的稀疏系数为 $S = [S_1, S_2, \cdots, S_h]$。以上所述的微表情细粒度特征稀疏表达如图 9-9 所示。

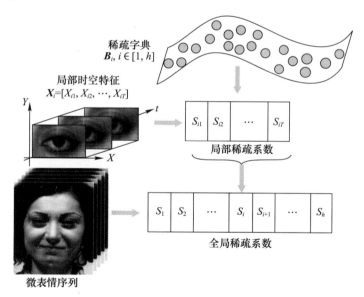

图 9-9　时空特征的稀疏表达

9.2.4　结合上下文认知的微表情稀疏表达

微表情的空间上下文特征和时间上下文特征分别为 $C_{\text{Space}} = [\hat{C}_1, \hat{C}_2, \cdots,$

$\hat{C}_i, \cdots, \hat{C}_j, \cdots, \hat{C}_m$]和$\boldsymbol{C}_{\text{Time}} = [C_1, C_2, \cdots, C_i, \cdots, C_j, \cdots, C_T]$。那么,第$i$个局部区域在$j$时刻的空间/时间上下文特征可表示为$\boldsymbol{C}_{ij} = (\hat{C}_i, C_j)$,由对应区域的细粒度特征结合注意力机制获得。

在字典$\boldsymbol{B}_i$作用下细粒度特征X_{ij}可由S_{ij}稀疏表示。利用注意力模型并将细粒度特征用其稀疏编码表示,可以分别获得微表情空间/时间上下文特征的稀疏编码,具体公式如下:

$$\begin{cases} \hat{C}_i = \Theta_i(B,S) = \sum_{j=1}^{h} \left(F_S(B,S,E_{i-1}) \cdot \sum_{t=1}^{T} B_j S_{jt} \right) \\ C_j = \Theta_j(B,S) = \sum_{t=1}^{T} \left(F_T(B,S,E_{j-1}) \cdot \sum_{i=1}^{h} B_i S_{it} \right) \end{cases} \quad (9-14)$$

将式(9-14)计算出的空间/时间上下文稀疏特征与微表情细粒度稀疏特征相结合,获得微表情语义特征的稀疏编码为

$$X' = (X, \boldsymbol{C}_{\text{Space}}, \boldsymbol{C}_{\text{Time}}) = \{(B_i S_{ij}, \Theta_i(B,S), \Theta_j(B,S))_{ij}\}_{h \times T} \quad (9-15)$$

9.3 基于情感信息熵的微表情特征迁移与情感建模

通过跟踪微表情序列中面部肌肉和形态变化,提取其所携带的时间特征属性、空间特征属性等信息,从而理解微表情语义知识并判断情感类型。在微表情情感识别方面,通过使用大量的标记数据成为了保证训练分类器高精度的一个重要前提。然而,在真实应用场景中往往无法获得大量的有效数据。在准确提取视觉底层特征算法的基础上,如何利用小样本量获得视频/图像分类和识别准确率的提升,是一个面临的难题。因此,结合中层语义的增量式微表情情感映射研究,提出一种基于特征迁移的宽度学习系统 SFT_BLS。更具体地说,利用迁移学习扩大具有小样本量目标域的语义认知能力,并在宽度学习系统中强化个性认知能力,实现增量式地更新表情情感映射网络结构。

9.3.1 基于情感信息熵的特征差异性

迁移学习需要充分考虑跨域间数据分布的差异性。为了观测这种特征差异性,本文分别在两个不同数据域中选取出情感状态相同的两幅图片,经过 CNN 算法进行特征提取并归一化,选取其中 128 维特征值进行比较(图 9-10)。其中,源域表情图片来源于 JAFFE 数据集(宏观表情数据集),目标域表情图片来源于 CASME 数据集(微表情数据集)。

图 9-10 中可见,两类表情特征之间存在较大的差异性,无法直接通过源域

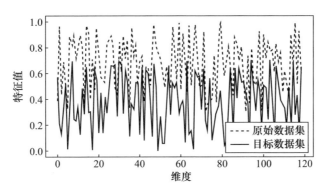

图 9-10 不同数据集下的图像特征比较

的判别指标推导出目标域图像所属的情感状态。通过计算域间特征结构距离的最大均值差异准则(Maximum Mean Discrepancy,MMD)是衡量这种分布差异性的常用方法。具体公式如下:

$$\Phi(X_s, X_t) = \left\| \frac{1}{n_s}\sum_{i=1}^{n_s} x_i - \frac{1}{n_t}\sum_{j=1}^{n_t} x_j \right\|^2 = \sum_{i,j=1}^{n} x_i^T x_j M_{ij} = \mathrm{tr}(XMX^T) \tag{9-16}$$

式中:x_i 为源域特征;x_j 为目标域特征;M 为最大均值差矩阵。

然而,在训练特征集中,每个特征对情感映射结果的影响程度各不相同,本文通过引入特征权重进行描述。令 β_i 和 β_j 分别为源域特征 $x_i \in X_s$ 和目标域特征 $x_j \in X_t$ 在情感特征集中的分布权重,它们反应了对应特征在情感分类中的贡献度。众所周知,信息熵是表征信息量大小的量度。对于图像的分类而言,图像所携带的情感类型信息量可以用表情情感特征的信息熵表示。因此,本节通过情感信息熵来衡量情感特征的贡献度。

在情感空间中,利用概率学理论可获得任意图像特征为第 k 种情感信息的概率为 p_k。当 p_k 接近于 1 时,该特征 x_i 与第 k 种情感的相关性越大,表现出情感信息的不确定度变小,对情感分类的贡献越大;相反地,当 p_k 接近于 0 时,图像特征携带的情感不确定度变大,对情感分类的贡献越小(图 9-11)。根据信息论原理,设定图像特征的情感信息量为

$$I(k) = \lg(1/p_k) = -\lg(p_k) \tag{9-17}$$

则图像特征所携带的平均情感信息熵为

$$h(x_i) = \sum_{k=1}^{m} p_k \lg(1/p_k) = -\sum_{i=1}^{m} p_k \lg(p_k) \tag{9-18}$$

式中:m 为情感类型的数量。那么,特征的情感分类贡献度计算公式如下:

$$\beta_i = \frac{\sum_{j=1,j\neq i}^{n} h(x_j)}{\sum_{j=1}^{n} h(x_j)} \qquad (9-19)$$

依据式(9-19)计算出源域和目标域的权重矩阵为 $\boldsymbol{\beta}_s = \{\beta_i\}_{n_s}, \boldsymbol{\beta}_t = \{\beta_j\}_{n_t}$。

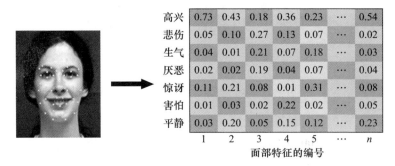

图 9-11 样本图像的情感信息量分布

基于 MMD 的特征差异性可改写为

$$\Phi(X_s, X_t) = \left\| \frac{1}{n_s}\sum_{i=1}^{n_s} \beta_i x_i - \frac{1}{n_t}\sum_{j=1}^{n_t} \beta_j x_j \right\|^2 = \mathrm{tr}(\boldsymbol{XMX}^\mathrm{T}) \qquad (9-20)$$

式中:tr(•)为矩阵的迹; n_s、n_t 分别为源域和目标域中的特征数量; $\boldsymbol{M}$ 为 MMD 矩阵,具体如下式所述:

$$M_{ij} = \begin{cases} \dfrac{1}{n_s^2}\beta_i^2, & x_i, x_j \in \boldsymbol{X}_s \\[4pt] \dfrac{1}{n_t^2}\beta_j^2, & x_i, x_j \in \boldsymbol{X}_t \\[4pt] \dfrac{-1}{n_s n_t}\beta_i\beta_j, & \text{其他} \end{cases} \qquad (9-21)$$

9.3.2 稀疏子空间下的特征迁移学习

已有的特征迁移方法大多仅考虑了源域和目标域之间共有特征的相似性,即共性特征差异最小化。然而,由于领域间样本存在差异性,在实现部分特征共享的同时,每个数据集仍保有自己的特有特性。仅依赖共性特征而忽略数据特有的个性特征,在一定程度上限制了算法的泛化能力。本节考虑源域数据与个性数据集(目标域)存在共性特征的同时,还充分地挖掘了个性特征信息对目标域分类的贡献,提出一种基于情感信息熵的稀疏特征迁移算法,满足了少样本量数据的情感建模和映射。在稀疏子空间中,利用迁移学习将源域中的共性特征迁移至目标域中,并与目标域中的个性特征进行结合形成新的语义特征空间,从而实现借助宏观表情的认知知识加强少样本量微表情情感识别准确率。那么,在稀疏子空间中优化目标问题可表示成如下公式:

$$\min_{B,S_t} \lambda \parallel S_t \parallel + C \sum \xi_t + \mu \Phi(X_s, X_t)$$
$$\text{s.t.} \parallel X_t - BS_t \parallel_F^2 \geq 1 - \xi_t, \xi_t \geq 0 \qquad (9-22)$$

式中:C 为目标域训练集的惩罚误差;$\mu\Phi(X_s, X_t)$ 为特征迁移学习项;$\parallel X_t - BS_t \parallel_F^2 \geq 1 - \xi_t$ 为约束项,为了保证分类器对目标域训练集分类的准确性。

迁移学习项的数值表达了源域迁移特征和目标域特征之间的相似度。依据 9.3.1 节,在稀疏子空间中基于情感信息熵的特征迁移学习项可由如下公式表示:

$$\Phi(X_s, X_t) \approx \Phi(S_s, S_t) = \left\| \frac{1}{n_s} \sum_{i=1}^{n_s} \beta_i s_i - \frac{1}{n_t} \sum_{j=1}^{n_t} \beta_j s_j \right\|^2 = \text{tr}(SMS^T)$$
$$(9-23)$$

式中:s_i 为源域稀疏特征;s_j 为目标域稀疏特征。

那么,目标函数可改写为如下公式:

$$\min_{B,S_t} \lambda \parallel S_t \parallel + C \sum \xi_t + \mu \text{tr}(SMS^T)$$
$$\text{s.t.} \parallel X_t - BS_t \parallel_F^2 \geq 1 - \xi_t, \xi_t \geq 0 \qquad (9-24)$$

采用拉格朗日乘数法对式(9-24)进行优化,具体如下:

$$F(S_t, B, \xi_t, \alpha, \gamma) = \lambda \parallel S_t \parallel + C \sum \xi_t + \mu \text{tr}(SMS^T)^2 + \alpha \left(1 - \sum \xi_t - \parallel X_t - BS_t \parallel_F^2 \right) - \gamma \sum \xi_t \qquad (9-25)$$

式中:$\alpha = [\alpha_1, \alpha_2, \cdots, \alpha_n]^T$ 和 $\gamma = [\gamma_1, \gamma_2, \cdots, \gamma_n]^T$ 为拉格朗日乘数子列向量。

在式(9-25)中对变量 ξ_t 求偏导,并使得偏导数为0,可得

$$\frac{\partial F(S_t, B, \xi_t, \alpha, \gamma)}{\partial \xi_t} = C - \alpha - \gamma = 0 \qquad (9-26)$$

将式(9-26)代入式(9-25),可得

$$F(S_t, B, \alpha) = \lambda \parallel S_t \parallel + \mu \text{tr}(SMS^T)^2 + \alpha(1 - \parallel X_t - BS_t \parallel_F^2) \qquad (9-27)$$

很显然,式(9-26)为非凸函数,无法直接获取其全局最优解。基于此,我们通过交替迭代的方式进行分步优化,具体步骤如下。

固定字典 B，最优化稀疏系数 S_t，那么，优化目标函数将转换为如下公式：

$$F(S_t) = \lambda \| S_t \| + \mu \operatorname{tr}(SMS^T) + \alpha(1 - \| X_t - BS_t \|^2) \quad (9-28)$$

将式(9-28)对 S_t 进行求导，得到

$$S_t = \frac{\lambda + 2\mu S_t + 2\alpha BX_t}{2\alpha B^2 - 2\mu} \quad (9-29)$$

固定稀疏系数 S_t，最优化字典 B，那么，优化目标函数将转换为

$$F(B) = \lambda \| S_t \| + \mu \operatorname{tr}(SMS^T) + \alpha(1 - \| X_t - BS_t \|^2) \quad (9-30)$$

将式(9-30)对 B 进行求导：

$$\frac{\partial F(B)}{\partial B} = 2\alpha S_t \| X_t - BS_t \| = 0 \quad (9-31)$$

由式(9-31)可知，当 $\| X_t - BS_t \|$ 为无穷小时，存在最优解。

9.3.3 融合特征迁移的宽度学习系统

随着人工智能和机器学习的发展，人们开发了很多机器学习算法。这些算法大部分都是批量学习(Batch Learning)模式，即假设在训练之前所有训练样本一次都可以得到，学习这些样本之后，学习过程就终止了，不再学习新的知识。增量学习算法可以渐进地进行知识更新，并且能修正和加强以前的知识，使得更新后的知识能适应新到达的数据，而不必重新对全部数据进行学习。K. W. Kow 等基于竞争学习搭建了自组织增量学习网络(SOINN)，该学习框架以自组织的方式对输入数据进行在线聚类和拓扑表示，能够发现数据流中出现的新模式并进行学习，同时不影响之前的学习结果。结合神经网络的学习能力，Z. Li 等提出了一种微调整个网络的机制，同时通过引入一个损失函数保证旧任务的性能。该函数鼓励旧特征的输出在新引入的数据上保持不变。虽然他们的方法为每个新任务添加了非常少量的参数，但并不能保证该模型在旧任务中保留其全部功能。

以传统宽度学习为基础框架，通过融合特征迁移的宽度学习系统 SFT_BLS (图 9-12)进行微表情识别。为了适应小样本量下微表情情感模型的训练，该系统将原来特征映射层中使用的稀疏自编码方法进行了改进，即利用特征迁移算法实现特征映射节点的计算，包含微表情底层细粒度特征(深度卷积特征)和中层上下文认知特征。在系统结构上，改进了宽度学习中的特征节点层的组成结构，分别引入了个性化映射特征节点和个性化增量特征节点。系统的输出层为一个单层反馈神经网络，采用多层 SVD 方法实现了增量学习中权重值的自动更新。

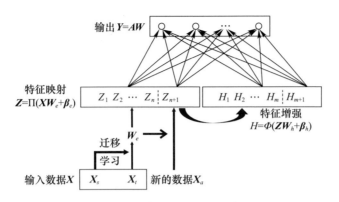

图 9-12 融合特征迁移的宽度学习系统

该系统中,利用特征迁移学习算法获得的特征集作为系统的输入数据 $X = \{X_s, X_t\}_N$。其中 $X_s = \{X_{si}\}_{N_s}$ 表示共性特征集,通过迁移学习获得;$X_t = \{X_{ti}\}_{N_t}$ 表示个性特征集,来自于目标域特征集,$N_s + N_t = N$。

将共性特征集和个性特征集共同作用于映射特征层,通过不同的权重值可获得由 n 组映射特征节点组成的映射特征层。具体公式如下:

$$Z_i = \Pi_i(X_1, X_2, \cdots, X_N) = \Pi_i(X^T W_{ei} + \beta_{ei}), i = 1, 2, \cdots, n \quad (9-32)$$

式中:Z_i、W_{ei}、β_{ei} 分别为第 i 组映射特征层的特征节点、特征权重向量和偏差向量。获得映射特征之后,计算映射特征层到增强特征层之间的映射,可获得由 m 组增强特征节点组成的增强节点层。具体公式如下:

$$H_j = \Phi_j(Z_1, Z_2, \cdots, Z_n) = \Phi_j(Z^T W_{hj} + \beta_{hj}), j = 1, 2, \cdots, m \quad (9-33)$$

式中:H_j、W_{hj}、β_{hj} 分别为第 j 组增强节点层的特征节点、特征权重向量和偏差向量。将映射特征节点和增强节点组成输出层的输入特征矩阵 $A = [Z|H]$。之后通过输出层模型获得情感分类结果:

$$Y = \xi(A^T W) \quad (9-34)$$

不同于宽度学习系统中的岭回归分析方法,本文将单层反馈神经网络作用于输出层,从而获得情感计算结果。通过多层 SVD 算法实现系统的增量学习,从而更新整个系统。

9.3.4 个性化特征节点层的构建

传统的宽度学习模型将所有的映射特征节点共同作为增强节点的输入,依据不同的权值组合,形成 n 组映射特征节点和 m 组增强节点。为了强化模型对目标域的训练,本文针对原来宽度学习中两个特征节点层的构建方式进行了改进,具体描述为如下。

依据源域的迁移特征(共性信息)和目标域特征(个性信息),将原来的映射特征节点分为共性映射特征节点和个性映射特征节点,即为 $\mathbf{Z} = \{\mathbf{Z}^s, \mathbf{Z}^t\}_n$。其中,$\mathbf{Z}^s = \{\mathbf{Z}_i^s\}_{n_s}$ 表示共性映射特征节点,$\mathbf{Z}^t = \{\mathbf{Z}_k^t\}_{n_t}$ 表示个性映射特征节点,$n_s + n_t = n$。类似地,依据增强节点的输入不同,我们将增强节点分为混合增强节点 $\mathbf{H}^c = \{\mathbf{H}_j^c\}_{m_c}$ 和个性增强节点 $\mathbf{H}^t = \{\mathbf{H}_j^t\}_{m_t}$,$m_c + m_t = m$(图9-13)。那么,混合增强节点的计算公式如下:

$$\mathbf{H}_j^c = \Phi_j(Z_1^s, Z_2^s, \cdots, Z_{n_s}^s, Z_1^t, Z_2^t, \cdots, Z_{n_t}^t) = \Phi_j(\mathbf{Z}^T \mathbf{W}_{hj}^c + \boldsymbol{\beta}_{hj}^c), j = 1, 2, \cdots, m_c$$

(9-35)

式中:权值 $\mathbf{W}_{hj}^c$ 和偏差 $\boldsymbol{\beta}_{hj}^c$ 为随机数值;输入数据为所有的特征映射节点,包含共性信息和个性信息。在个性增强节点的计算过程中,我们采用了与混合增强节点相同的映射函数。相应的计算公式如下:

$$\mathbf{H}_j^t = \Phi_j(Z_1^t, Z_2^t, \cdots, Z_{n_t}^t) = \Phi_j(\mathbf{Z}^T \mathbf{W}_{hj}^t + \boldsymbol{\beta}_{hj}^t), j = 1, 2, \cdots, m_t \quad (9-36)$$

式中:权值 $\mathbf{W}_{hj}^t$ 和偏差 $\boldsymbol{\beta}_{hj}^t$ 为随机数值;输入数据为个性特征映射节点。当新增输入数据时,混合增强节点和个性增强节点均有相应的增量计算。

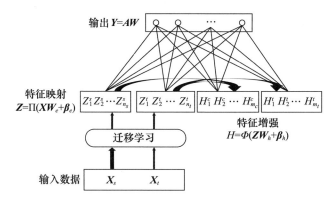

图9-13 改进特征节点层下的系统结构

9.3.5 基于多层SVD的增量式网络更新机制

针对新的输入数据特征,本节的算法设计有助于实现高效地更新增量学习的权值。在SFT_BLS模型中定义新的输入特征为 X_a,根据特征映射算法,新数据仅影响到个性特征映射节点,而共性特征节点不发生增量变化。可见,增加的特征映射节点为 $\mathbf{Z}_a^t = \{\Pi_i(X_a \mathbf{W}_{ei} + \boldsymbol{\beta}_{ei})\}_{n_t}$。同样地,在新的输入数据影响下增加的增强节点为 $\mathbf{H}_a = [\mathbf{H}_a^c, \mathbf{H}_a^t]$。那么,由映射特征层和增强层合并的矩阵 $\mathbf{A}_k =$

$[Z|H]_k$ 将变为 $A_{k+1} = [[Z,H]_k, [Z_a^t, H_a]]$。在增加输入数据之后的输出层反馈神经网络将变为 $Y = \xi(A_{k+1}^T W_{k+1})$。

定义反馈神经网络的期望输出为 Y,通过最小平方误差(MSE)构建判别准则函数 $E = \|AW - Y\|^2$,利用梯度计算获得

$$W = (A^T A)^{-1} A^T Y = A^+ Y \tag{9-37}$$

已知输入增量之前的输出层的输入矩阵为 $A_k = [Z^s \ Z^t \ H^c \ H^t]$,将 Z^s 和 $[Z^t \ H^c \ H^t]$ 分别进行 SVD 变换,即 $Z^s = U_s S_s V_s^T$,$[Z^t \ H^c \ H^t] = U_k S_k V_k^T$。那么,神经网络的输入矩阵变为

$$A_k = [Z^s [Z^t \ H^c \ H^t]] = [U_s \ U_k] \begin{bmatrix} S_s & 0 \\ 0 & S_k \end{bmatrix} \begin{bmatrix} V_s^T & 0 \\ 0 & V_k^T \end{bmatrix} \tag{9-38}$$

输入增量之后的矩阵 A_k 变为 $A_{k+1} = [A_k \ A_a] = [Z^s \ [U_k S_k V_k^T \ A_a]]$。由于增量发生之后,共性特征映射节点不发生变化,所以只需更新式(3-24)中的矩阵 U_k、S_k、V_k。我们对矩阵 $[U_k S_k \ A_a]$ 进行 QR 分解变为

$$[U_k S_k \ A_a] = [U_k \ B_k] \begin{bmatrix} S_k & U_k^T A_a \\ 0 & B_k^T A_a \end{bmatrix} \tag{9-39}$$

式中:$Q = [U_k \ B_k]$;$R = \begin{bmatrix} S_k & U_k^T A_a \\ 0 & B_k^T A_a \end{bmatrix}$;$B_k$ 为与 U_k 正交的 A_a 分量。

然后,针对矩阵 R 进行一次 SVD 分解为 $R = \bar{U} \bar{S} \bar{V}^T$,则有

$$[U_k S_k V_k^T \ A_a] = [[U_k \ B_k] \bar{U}] \bar{S} \left(\bar{V}^T \begin{bmatrix} V_k^T & 0 \\ 0 & I \end{bmatrix} \right) \tag{9-40}$$

可知,更新后 $U_{k+1} = [[U_k \ B_k] \ \bar{U}]$,$S_{k+1} = \bar{S}$,$V_{k+1}^T = \left(\bar{V}^T \begin{bmatrix} V_k^T & 0 \\ 0 & I \end{bmatrix} \right)$,得到增量更新之后的 A_{k+1}。

9.4 基于 Gross 认知的情感状态转移模型

情感状态是通过一系列外在与内在的因素相互作用实现的,是一个复杂的心理过程。在情感生成的整个过程中,由情感引发的行为与当前目标要求的行为之间可能产生分歧,不仅需要考虑当前情感状态和外界刺激,还需要考虑个体

对情感的自我管理。情感的认知调节过程主要是指人在外界刺激下的情绪化过程，是人对客观世界所持态度在内心所产生的情感体验和情感行为，研究个体认知对情感状态的影响是构建交互机器人情感计算模型的关键。

由于情感复杂性可知，个体呈现出的外在情感（显性）往往隐含着多种其他类型的情感状态（隐性）。在个体认知因素的影响下，各类情感状态之间将会相互制约和转移，最终可能会导致个体真实情感强度甚至情感类型产生变化。在AVS情感空间中，受到个性认知的评价之后，外界情感状态的向量大小和方向将会发生偏转，引起情感状态转移概率矩阵的变化，从而改变情感状态转移过程（图9-14）。根据Kismet情感空间中基本情感状态所在的位置区域，对Ekman提出的6种基本情感和"平静"（以下简称"7种基本情感"）进行量化得到它们的空间坐标值，并且将包括这几种基本情感状态在内的空间区域作为情感活动区域。本书主要针对活动区域中情感状态之间的交互进行研究。7种基本情感在kismet情感空间中的位置如图9-14中黑色圆点处。

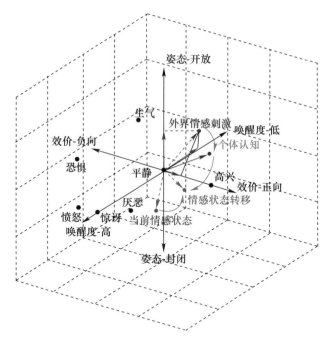

图9-14 基于个体认知情感转移过程

通过结合Gross认知的情感交互模型，介绍了一种基于HMM的情感状态转移模型。更具体地，基于情感状态在AVS情感空间中的分布，将Gross情感调节模型引入到情感状态转移过程中，利用HMM实现类人的情感计算模型。其中，模型的外界输入刺激来自于微表情。该模型通过利用 AVS 空间中任意情感与 7 种基本情感之间的空间位置关系,探索了具有复杂和不确定性的情感状态转移过程。通过该模型可以有效地提高机器人情感控制能力,并且增强了情感行为的连续性和稳定性。

9.4.1 基于性格特征和刺激强度的情感认知重评策略

个体的认知重评能力受到来自个体性格特征、周围环境和情感类型等多种因素的影响。Gross 认知重评策略是指个体对于事件情感方面的理解,具有调节个体情感的作用。在情感的推理阶段,它会改变(减弱或增强)原本即将被触发的情感,甚至可能会改变情感的性质产生情感状态的转移。通过围绕个体的性格特征和刺激强度构造情感认知重评策略,为实现类人的情感状态转移模型提供认知评价能力,从而增强交互机器人的自身情感控制力。受到外界情感刺激时,个体首先会对其特性、类型和强度进行综合评判与修正。个体性格特征越强,个体对外界刺激的认知重评能力越强;反之,认知重评能力越弱。另外,无论受到的是积极情感刺激还是消极情感刺激,随着情感强度逐渐增大,认知重评的作用也在不断增加,直至趋于平稳。

1. 基于性格特征的情感认知能力

McCraee 等运用统计分析方法提出了五大人格理论(Five Factor Model,FFM),是分析个体性格特征的常用心理学量表,包括外向性(E)、宜人性(A)、尽责性(C)、情绪稳定性(N)、开放性(O)。目前,该理论在机器人的情感状态的研究中得到了广泛的关注。为了研究不同性格特征对个体认知重评的影响,依据 NEO-FFI(Neuroticism Extraversion Openness Five-Factor Inventory)量表评估个体的人格五因素,获得性格特征为 $\boldsymbol{P} = [p_1, p_2, p_3, p_4, p_5]$,建立层次分析结构(图 9-15),包括方案层-性格特征、准则层-人格特征关联和目标层-情感属性。

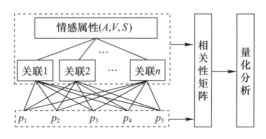

图 9-15 认知情感的层次分析结构

依据人格五因素数据,采用多元线性回归分析法分别计算个体情感属性与性格特征之间的相关系数,建立相关性矩阵,从而获得个体性格特征的认知能力。

2. 基于刺激强度的情感认知能力

由情感强度第一定律可知，情感强度需要在最大变化范围内反应事物的价值率高差的变化情况。"价值率高差"通常是指事物价值率与主体的中值价值率的差值，而情感是事物的"价值率高差"在人脑中的主观反应值。在本文中通过外界情感刺激与个体当前情感之间的空间关系来衡量"价值率高差"，即由外界刺激情感和当前情感状态在 AVS 情感空间中的坐标位置来确定。情感刺激持续的时间越长，个体受到的情感强度越大。

由于刺激强度越大，情感认知能力越强，两者之间成正比例关系，但其比例系数并不是一成不变的。随着前者逐渐增大，后者逐渐趋于平稳。它们之间的这种关系可以用近似的正态二次分布来描述。

9.4.2 基于 HMM 的情感状态转移模型

根据前面对情绪的分析，情绪是一个多维的系统，过去的情绪对现在的情绪有影响。动态系统是一个和时间直接相关的多维现象。动态系统中的时间不仅仅是一个指标或一系列事件的序列。动态系统中的事件是与时间紧密相关的，未来衔接着过去，当前的行为受到过去事件的影响。前面所举的例子正说明了情绪也具有这个性质，所以用动态系统描述情绪是恰当的。

情绪揭示的内容与生理、认知、行为、社会和文化系统等各方面都有关系，所以在相关的各个专业知识领域，专家们都构建了自己的情绪定义、度量标准以及作用理论等。这样做的结果是不存在一个真正的情感科学的领域。专业化和偏见是造成情绪研究领域一些基本分歧的一个原因。另一个原因则是情绪研究一直以来都是依靠着线性的统计数据以及静态模型进行研究的。基于平均分配的统计数据对于情绪这样复杂现象而言是不够发达的，并且没有足够大的模型以及预测情绪的能力。虽然这并不意味着它们是无用的或是没有促进情绪科学的发展，但是它们却将理解情绪的复杂过程造成了阻碍。情绪包括了生理上的激发以及行为上的表露。它包括自我意识以及口头的表达，具有天生固有的以及后天培养的影响力，但是所有的这些东西还是不能足以使人们了解情绪到底是什么。真正对情绪的了解和掌握来源于对情绪各个微小组成部分的大量观察，以及对它们互相作用的多次观察。下面先从线性理论进行分析，探讨线性理论在情绪描述上固有的局限性，同时也说明非线性理论的潜在优越性和先进性。

1. 线性理论不能确切地描述情绪的原因

在数学上，线性方程与非线性方程之间有着本质性的差别，主要表现为一个线性方程的任意两个解加在一起仍然是该方程的解。这一原理就是著名的线性方程的叠加原理。它为解决"线性"问题提供了一条思路，即我们可以把整个问题分解成许多个"小"问题,再把各个"小"问题的解叠加起来而得到整个问题的解,但是,对于一个"非线性"问题,则不可以如此处理,因为非线性方程不再满足"叠加原理",因此,必须整体地考虑原来的问题才行。这个简单的说明告诉我们,非线性问题包含着不可忽视的复杂性。

如果两个变量是线性相关的,如受教育程度和收入,当知道一个人的受教育程度和两者的关系时,就能利用这个公式来预测收入。简单的线性关系在心理学中是很罕有的,绝大多数现象都有复合的自变量。因此,复合的线性回归方程被研究以使其能在复合的变量下预测结果。

2. 非线性理论在情绪建模研究中的优越性

在某种定义上,非线性科学是研究复杂性的科学,这句话这样理解比较贴切:非线性科学有可能使现实世界中那些杂乱无章的空间形态和似乎毫无规律的时间序列成为研究对象,并从中发现它们的"复杂"规律性。情绪正是一种对初值敏感、动态变化的复杂现象。非线性动态系统分析具有描述和模拟复杂现象的能力,在情绪研究中应用非线性动态方程可解答大量的问题。

9.5　基于自闭症儿童交互机器人的情感模型验证

自闭症儿童存在社会沟通和互动上的持续性缺陷,受到社会各界人士的关注和爱护。众所周知,面部识别是个体社会认知的重要组成部分,人们通过对人脸面部表情的感知与理解,掌握对方所传达的内部情感和意图,形成反馈性的社会互动。自闭症儿童在正确识别6种基本面部表情的比例低于70%,在面部表情匹配方面存在困难。这种缺陷导致了患者的面部情感特征具有明显的个体差异性,在辅助治疗过程中存在无法准确理解儿童情感并做出正确情感反馈的现象,影响治疗效果。由此可见,交互友好性是确保自闭症儿童辅助治疗顺利实施的重要前提。

本节围绕人机情感交互过程开展了基于微表情语义认知的情感计算研究,涵盖了情感识别、生成和表达,并通过一系列仿真实验分析了所提模型的有效性。本章的目的是为了验证本文所述情感交互模型(个性化增量式情感识别和情感认知方法)的可行性。换句话说,本节以自闭症儿童辅助治疗交互机器人为验证平台的原因如下。

(1) 该类患者对面部情感的理解存在缺陷,所呈现的表情情感存在较大的差异性,可用于验证本文所提情感映射模型的个性化认知能力。

(2) 由于自闭症儿童的特殊性,在公开平台上无法获取到他们的面部图像(样本量少),并且随着人机交互的开展,样本量在逐渐的增加,可用于验证在小样本量和样本递增的应用场景下本文所提情感映射模型的泛化能力。

(3) 自闭症儿童辅助治疗的结果可用于验证本文所提情感交互模型(情感识别、生成和表达)的可行性和有效性。

因此,本节以自闭症儿童辅助治疗为切入点,进行了相关算法的实验分析和验证。具体地,以自闭症儿童交互机器人平台为依托,将本书所提模型集成至该平台,增加交互机器人的情感认知能力。然后,分别在离散情感空间和连续多维情感空间中跟踪患者的情感状态,验证所提模型对自闭症儿童表情识别的性能。最后,通过医学临床实验验证具有情感认知能力的交互机器人对自闭症儿童辅助治疗的有效性,从而反映出本文所提模型在实际应用中的泛化能力。

9.5.1 自闭症儿童交互机器人

自闭症儿童交互机器人采用非接触方式实现辅助治疗的目的。该平台实现了基于表情和视觉关注的情感交互功能。在自闭症儿童与机器人交互过程中提取表情情感特征,并进行相应的情感识别和分类为后续的情感交互过程提供必要的依据。

该平台的交互模块包括表情学习、表情测试、表情模仿、表情拼图和情景测试(图9-16)。这些交互模块由自闭症儿童康复机构专家团队制定,针对性地围绕表情认知、情感互动等社会交流障碍开展训练,并且交互难度逐步递进为患者提供有效的治疗方案。其中,"表情学习"模块,学习来自 JAFFE 数据库的6种表情图像,目的是增强患者对基本表情的正确认知,从而提升社会交往能力;"表情测试"模块目的是针对表情识别学习的效果进行测试,直观有效地评价患者表情认知能力;"表情模仿"模块,目的是进一步提升患者对表情识别的准确率,帮助纠正错误的表情认知信息;"表情拼图"模块,目的是加强局部表情信息的认知能力,提升正常社交中表情理解能力;"情景测试"模块,目的是测试患者对社交情景的理解能力,即机器人通过图文描述方式展示一段情景故事,由患者判断该情景所反应的情感信息。

具备灵活多样的情感表达方式是自闭症儿童交互机器人平台的重要组成。在各个交互模块训练中,机器人通过脖子部位的摄像头实时地采集患者的表情图像并进行识别,并利用交互界面(面部和肚子部位)、语音和位姿实现情感反馈(图9-17)。即机器人通过增量式情感映射模型识别患者的表情情感状态,并通过认知调节机制实现交互情感的合理表达。特别地,为了跟踪患者的辅助训练过程,医生可通过平板电脑进行实时查看和干预,以便在特殊情况下切换训练模块。交互数据均被存储在后台数据库,包括每一次交互的结果和表情图像。本章基于交互数据库的相关信息展开研究,从而增加自闭症儿童交互机器人平台的表情情感计算能力。

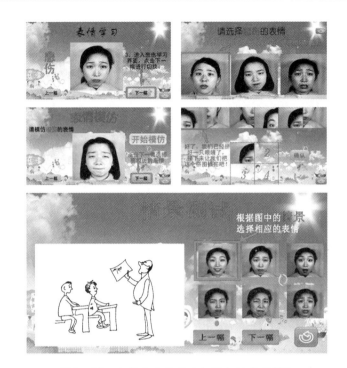

图 9-16 自闭症儿童交互机器人的交互模块

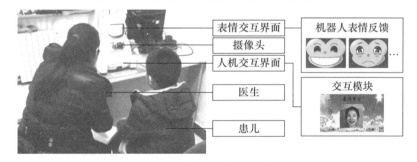

图 9-17 人机交互场景

9.5.2 实验设计

为了评估本书所提情感交互模型对自闭症儿童治疗具有积极的辅助作用,本节实验选取 10 位轻中度自闭症儿童作为受试者,其中男性 6 位、女性 4 位,平均年龄为 6 岁。参与本次实验的受试者均为自闭症儿童康复中心就诊的轻中度自闭症患者。具体的实验过程和评估方式如下所述。

1. 实验过程

在实验中将 10 位受试者均分为 2 组,通过非接触式的人机交互方式进行自闭症治疗。2组实验受试者均与自闭症儿童交互机器人进行交互训练：第一组机器人在5种交互模块过程中融入情感认知能力，通过分析受试者的表情情感状态能够做出相应的情感反馈（表情或语音）；第二组机器人在5种交互模块过程中无情感认知能力，仅可依据交互结果（来自医生的判断）发出微笑或悲伤表情。其中5种交互模块是指表情学习、表情测试、表情模仿、表情拼图和情景测试。

实验场景设置在自闭症儿童康复中心，受试者一周接受一次训练，每个治疗周期为4周，共进行2个治疗周期。每次实验时间限制在30min，受试者依次参与5种交互模块的训练，机器人将每次交互结果记录至数据库。实验具体过程如图9-18所示。

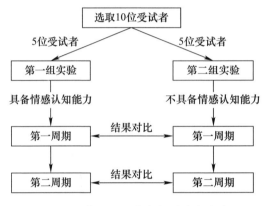

图9-18 自闭症儿童参与训练实验过程

2. 评估方式

实验中选择两种评定方法：第一种依据交互结果数据开展评估；第二种依据医学量表开展评估。

针对第一种评估方法，选取"表情测试"和"情景测试"模块交互结果作为评估依据。"表情测试"模块包含6种情感表情测试，表情图片来源于JAFFE数据库；在"情景测试"模块，机器人通过图片和语音结合的方式展示了12个情景短故事，受试者需要对情景故事所表现出的情感类型做出判断。测试结果均由机器人记录在后台数据库，分别统计"第四周"和"第八周"训练中两个模块的测试结果，比较两组受试者的正确率变化情况，从而评估本书所提情感交互模型的性能。

针对第二种评估方式，引入儿童孤独症评定量表（CARS量表）和社交反应量表（SRS量表）。依据临床研究表明，CARS量表是一种有效的自闭症确诊手段，在情感交互、人际关系、听觉反应以及视觉反应4个方面都体现出患者的情感状态。该量表从15个不同方面对自闭症儿童的日常表现进行评定，每个方面按照严重程度分为4个等级。依据量表测试总分数将自闭症划分为轻度、中度和重度3个等级,分数越高表明症状越严重。自闭症最典型的、区别于其他心理疾病的症状是社交障碍,SRS量表从5个社交维度评定自闭症症状,分别为社交知觉、社交认知、社交沟通、社交动机和孤独症行为方式。临床研究表明,SRS量表在信度、效度和诊断界点上具有较高的满意度,有助于辅助诊断自闭症。该量表的测试选项按照行为程度量分为4个等级,等级越高分数越高。统计并观测两组受试者在"第一周"和"第八周"的量表分数变化,评估情感交互模型对自闭症辅助治疗的有效性。

9.5.3 结果分析

本节分别针对两种评估方法开展实验结果分析,具体分析如下。

(1) 第一种评估方法的实验结果分析。依据第一种评估方法所述,两组受试者在"表情测试"模块和"情景测试"模块的实验结果对比如图9-19和

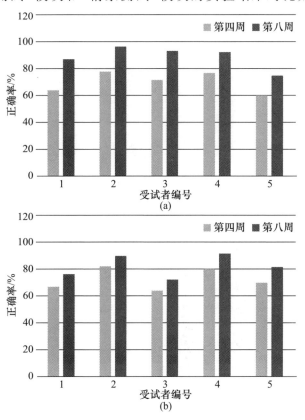

图9-19 "表情测试"实验结果的正确率统计
(a)第一组;(b)第二组。

图9-20所示。比较"第四周"和"第八周"的"表情测试"准确率,两组受试者均有不同程度的提升,表明自闭症儿童交互机器人平台在自闭症的表情认知训练方面具有一定的积极作用。比较两组受试者准确率提升的幅度,第一组受试者明显优于第二组,表明本文所提模型有助于提升受试者的表情认知能力,能够加强自闭症辅助治疗效果。

比较"第四周"和"第八周"的"情景测试"准确率,两组受试者的测试结果虽然有一定程度的提升,但整体准确率仍然较低,表明自闭症儿童在社交中缺乏对不同情景场景的正确反应能力,自闭症儿童交互机器人平台在社交反应方面具有一定的积极作用。两组受试者准确率提升的幅度与"表情测试"结果类似,第一组受试者仍优于第二组,再次说明本书所提模型能够在一定程度上加强自闭症辅助治疗效果。

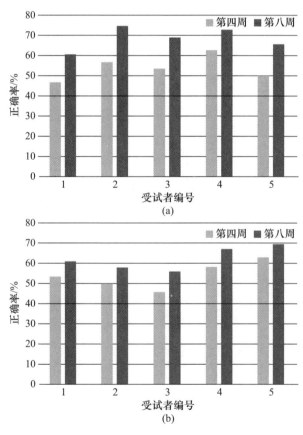

图9-20 "情景测试"实验结果的正确率统计
(a)第一组;(b)第二组。

(2) 第二种评估方法的实验结果分析。两组受试者在实验前(第一周)和实验后(第八周)的量表评估结果如表 9-1 所列。比较实验前后的 CARS 量表值,第一组受试者的平均值从 32 下降到 30,平均下降 2 分;第二组受试者的平均值从 30.6 下降到 29.8,平均下降 0.8 分。由此可见,经过两组实验训练后,受试者的症状均有略微的缓解,但从平均下降分数值来看第一组的效果优于第二组,表明在相同条件下,具有情感认知能力的自闭症儿童交互机器人平台对于患者的治疗更为有效。

表 9-1 量表评估结果

第一组受试者编号		1	2	3	4	5
CARS	第一周	33	36	23	36	32
	第八周	31	35	20	33	31
	变化值	2	1	3	3	1
SRS	第一周	91	118	66	115	91
	第八周	72	93	40	89	75
	变化值	19	25	26	26	16
第二组受试者编号		1	2	3	4	5
CARS	第一周	24	31	34	28	36
	第八周	23	31	34	26	35
	变化值	1	0	0	2	1
SRS	第一周	74	90	115	83	118
	第八周	67	76	104	75	99
	变化值	7	14	11	8	19

比较实验前后 SRS 量表值,第一组受试者的平均值从 96.2 下降到 73.8,平均下降 22.4 分;第二组受试者的平均值从 96 下降到 84.2,平均下降 11.8 分。由此可见,经过实验训练后,两组受试者的 SRS 平均值均有大幅下降,并且第一组下降幅度远大于第二组,表明该交互平台能够显著提升患者的社交反应能力,具有情感认知能力下的自闭症儿童交互机器人平台对增强社交反应能力有更显著的积极效果,反应了本书所提模型具有较好的泛化能力。

参 考 文 献

[1] 王志良. 人工心理学——关于更接近人脑工作模式的科学[J]. 北京科技大学学报,2000,22(5):478-481.

[2] 中科院自动化所. 第一届中国情感计算及智能交互学术会议论文集[C]. 北京:西郊宾馆,2003(12):7-8.

[3] Sloman A. What Is The Emotion Theories About? Architectures for Modeling Emotion[C]. Cross-Disciplinary Foundations American Association for Artificial Intelligence 2004 Spring Symposium. Stanford University,Palo Alto,California,March 22-24,2004.

[4] Wang Z. Artificial Psychology[M]// Human Interface and the Management of Information. Methods,Techniques and Tools in Information Design. Springer Berlin Heidelberg,2007:208-217.

[5] Harrison A,Sullivan S,Tchanturia K,et al. Emotion recognition and regulation in anorexia nervosa.[J]. Clinical Psychology & Psychotherapy,2010,16(4):348-356.

[6] Gunes H,Pantic M. Automatic,Dimensional and Continuous Emotion Recognition[M]. IGI Global,2010.

[7] Russell Stuart J,Peter Norvig,等. 人工智能[M]. 北京:清华大学出版社,2013.

[8] Cambria E. Affective Computing and Sentiment Analysis[J]. IEEE Intelligent Systems,2016,31(2):102-107.

[9] Gupta R,Laghari K U R,Falk T H. Relevance vector classifier decision fusion and EEG graph-theoretic features for automatic affective state characterization[M]. Elsevier Science Publishers B. V.,2016.

[10] 张凤军,戴国忠,彭晓兰. 虚拟现实的人机交互综述[J]. 中国科学:信息科学,2016,(12):1711-1736.

[11] Bargal S A,Barsoum E,Ferrer C C,et al. Emotion recognition in the wild from videos using images[C]// ACM International Conference on Multimodal Interaction. ACM,2016:433-436.

[12] Li S,Deng W,Du J P. Reliable Crowdsourcing and Deep Locality-Preserving Learning for Expression Recognition in the Wild[C]// IEEE Conference on Computer Vision and Pattern Recognition. IEEE Computer Society,2017:2584-2593.

[13] Zhang F,Zhang T,Mao Q,et al. Joint Pose and Expression Modeling for Facial Expression Recognition[C]// IEEE Conference on Computer Vision and Pattern Recognition,2018:3359-3368.

[14] Tian Y,Kanade T,Cohn J F. Facial Expression Recognition[M]// FACE Processing and Applications to Distance Learning,2003:5-28.

[15] Tao J,Tan T. Affective computing:a review[C]// International Conference on Affective Computing and Intelligent Interaction. Springer-Verlag,2005:981-995.

[16] Gratch J,Marsella S. Evaluating a Computational Model of Emotion[J]. Autonomous Agents and Multi-Agent Systems,2005,11(1):23-43.

[17] Picard R W. Affective computing[J]. Technical Report,2008,1(1):71-73.

[18] Becker-Asano C, Wachsmuth I. Affective computing with primary and secondary emotions in a virtual human[J]. Autonomous Agents and Multi-Agent Systems, 2010, 20(1): 32-49.

[19] Clore G L, Ortony A. Psychological Construction in the OCC Model of Emotion.[J]. Emotion Review, 2013, 5(4): 335-343.

[20] Peng K C, Chen T, Sadovnik A, et al. A mixed bag of emotions: Model, predict, and transfer emotion distributions[C]// Computer Vision and Pattern Recognition. IEEE, 2015: 860-868.

[21] Cambria E. Affective Computing and Sentiment Analysis[J]. IEEE Intelligent Systems, 2016, 31(2): 102-107.

[22] Picard R W. Affective Computing for HCI[C]// Hci International. L. Erlbaum Associates Inc, 1999: 829-833.

[23] Sloman A. What Are Emotion Theories About?[J]. Symposium Technical Report, 2004: 128-134.

[24] 滕少冬, 王志良, 王莉, 等. 基于马尔可夫链的情感计算建模方法[J]. 计算机工程, 2005, 31(5): 17-19.

[25] 傅小兰. 电子学习中的情感计算[J]. 计算机教育, 2004(12): 27-30.

[26] Tao J, Tan T. Affective Computing: A Review[M]// Affective Computing and Intelligent Interaction. Springer Berlin Heidelberg, 2005: 981-995.

[27] Picard R W. Affective computing[J]. Technical Report, 2008, 1(1): 71-73.

[28] Becker-Asano C, Wachsmuth I. Affective computing with primary and secondary emotions in a virtual human[J]. Autonomous Agents and Multi-Agent Systems, 2010, 20(1): 32-49.

[29] D'Mello S, Calvo R A. Beyond the basic emotions: what should affective computing compute?[C]// CHI' 13 Extended Abstracts on Human Factors in Computing Systems, 2013: 2287-2294.

[30] Eyben F, Scherer K R, Schuller B W, et al. The Geneva Minimalistic Acoustic Parameter Set(GeMAPS) for Voice Research and Affective Computing[J]. IEEE Transactions on Affective Computing, 2017, 7(2): 190-202.

[31] 程宁, 王志良. 人工情绪建模与表情识别研究[J]. 北京科技大学学报, 2006, 28(2): 35-42.

[32] Conn K, Liu Changchun. Affect-Sensitive Assistive Intervention Technologies of Children with Autism: An Individual-Specific Approach[C]. Proceedings of the 17th IEEE International Symposium on Robot and Human Interactive Communication, Munich, Germany, August, 2008: 442-447.

[33] 郭德俊. 动机心理学: 理论与实践[M]. 北京: 人民教育出版社, 2005.

[34] Georgios Paltoglou, Mathias Theunis, Arvid Kappas, Mike Thelwall. Predicting emotional responses to long informal text[J]. IEEE Transactions on Affective Computing, 2013, 4(1): 106-115.

[35] Michelle Karg, Ali-Akbar Samadani, Rob Gobet, et al. Body movements for affective expression: a survey of automatic recognition and generation[J]. IEEE Transactions on Affective Computing, 2013, 4(4): 341-359.

[36] Marjolein D, van der Zwaag, Joris H Janssen, et al. Direciting physiology and mood through music: validation of an affective music player[J]. IEEE Transactions on Affective Computing, 2013, 4(1): 57-68.

[37] 吕兰兰, 周昌乐. 基于聚合类进化算法的音乐情感模糊计算模型[J]. 模式识别与人工智能, 2012, 25(1): 63-70.

[38] Wang Chen, Miao Zhengjiang, Meng Xiao. Differential MFCC and vector quantization used for real-time speaker recognition system[C]. Congress on Image and Signal Processing, 2008: 319-323.

[39] Jarina R, Paralic M, Kuba M, et al. Development of a reference platform for generic audio classification [C]. The 9th International Workshop on Image Analysis for Multimedia Ineractive Services, 2008: 239-242.

[40] Duffy B R. Anthropomohism and the social robot[J]. International Journal of Robotics Research, 2003, 42(1):179-190.

[41] 薛为民. 基于认知机制的情感虚拟人交互技术研究[M]. 北京联合大学学报(自然科学版), 2010, 24(4):1-6.

[42] Gross J. Emotion regulation: affective, cognitive, and social consequences[J]. Psychophysiology, 2002, 39(3):281-291.

[43] Gross J. Emotion regulation in adulthood: timing is everything[J]. Current Directions in Psychological Science, 2001, 10:214-219.

[44] 韩晶, 解仑, 王志良. 基于GMM的增量式情感映射[J]. 哈尔滨工业大学学报, 2018, 050(008):168-173.

[45] Gross J. The emerging field of emotion regulation: an integrative review[J]. Review of General Psychology, 1998, 2(3):271-299.

[46] Gross J. Antecedent- and response-focused emotion regulation: divergent consequences for experience, expression, and physiology[J]. Journal of Personality and Social Psychology, 1998, 74(1):224-237.

[47] 盛剑晖, 邵未, 孙守迁. 面向编钟乐舞的舞蹈动作编排系统的[J]. 系统仿真学报, 2005, 17(3):631-634.

[48] Ahn H S, Sa I K, Lee D W, et al. A playmate robot system for playing the rock-paper-scissors game with humans[J]. Artificial Life and Robotics, 2011, 16(2):142-146.

[49] Ahn H S, Choi J Y, Lee D W, Shon W H. Emotional head robot with behavior decision model and face recognition[C]. International Conference on Control, Automation and Systems. IEEE, 2007:2719-2724.

[50] Terada K, Yamauchi A, Ito A. Artificial Emotion Expression for a Robot by Dynamic Color Change[C]. 2012 IEEE RO-MAN: The 21st IEEE International Symposium on Robot and Human Interactive Communication. September 9-13, 2012:314-321.

[51] Yampolskiy R V, Gavrilova M L. Biometrics for artificial entities artimetrics[J]. IEEE Robotics & Automation Magazine. December, 2012:48-58.

[52] Mohamed A, Gavrilova M, Yampolskiy R. Artificial face recognition using wavelet adaptive LBP with directional statistical features[J]. Proc. CyberWorlds IEEECS, 2012.

[53] Yampolskiy R V, Klare B, Jain A K. Face recognition in the virtual world: Recognizing Avatar faces[C]. In Proc. 11th Int. Conf. Machine Learning A:lications, Boca Raton, FL, Dec., 2012:1-7.

[54] Ahn H S. Designing of a Personality Based Emotional Decision Model for Generating Various Emotional Behavior of Social Robots[J]. Advances in Human-Computer Interaction, 2014, 1:1-14.

[55] Rodrigues R G, Paiva Guedes G, Ogasawara E. Towards a Model for Personality-Based Agents for Emotional Responses[C]// WebMedia, 2016.

[56] 张福学. 机器人学:智能机器人传感技术[M]. 北京:电子工业出版社, 1996.

[57] 田岛, 年浩. 情感宠物机器人[J]. 视频信息媒体研究所学报:视频信息媒体, 2000, 54(7):1020-1024.

[58] Wang G, Wang Z, Meng X, et al. Expression Animation of Interactive Virtual Humans Based on HMM Emotion Model[C]// International Conference on Technologies for E-Learning and Digital Entertain-

ment. Springer – Verlag,2006:999 – 1007.

[59] Wang G J. Emotion Model of Interactive Virtual Humans Based on MDP[J]. Computer Science,2006.

[60] Wang L,Ma L,Soong K P. Speech and text driven HMM – based body animation synthesis:US,US8224652[P],2012.

[61] Xu C,Cao T,Feng Z,et al. Multi – Modal Fusion Emotion Recognition Based on HMM and ANN[J]. Communications in Computer & Information Science,2012,332:541 – 550.

[62] Han J,Xie L,Liu J,et al. Personalized broad learning system for facial expression[J]. Multimedia Tools and Applications,2020,79(23):16627 – 16644.

[63] 张芬. 基于 BOOSTING 框架的视觉语音多模态情感识别检测方法[J]. 现代电子技术,2017,40(23):59 – 63.

[64] 唐云祁,孙哲南,谭铁牛. 头部姿势估计研究综述[C]// 中国计算机学会人工智能会议,2013:213 – 225.

[65] Zhao S,Gao Y,Zhang B. Gabor feature constrained statistical model for efficient landmark localization and face recognition[J]. Pattern Recognition Letters,2009,30(10):922 – 930.

[66] Jin K,Lee G H,Jung J J,et al. Real – Time Head Pose Estimation Framework for Mobile Devices[J]. Mobile Networks & Applications,2016,22(4):1 – 8.

[67] Fan X,Tjahjadi T. A spatial – temporal framework based on histogram of gradients and optical flow for facial expression recognition in video sequences[J]. Pattern Recognition,2015,48(11):3407 – 3416.

[68] Ozkan D,Scherer S,Morency L P. Step – wise emotion recognition using concatenated-HMM[M]. ACM,2012.

[69] Wright J,Yang A Y,Ganesh A,et al. Robust face recognition via sparse representation[J]. IEEE Transactions on Pattern Analysis & Machine Intelligence,2009,31(2):210 – 227.

[70] Xu Y,Zhong Z,Yang J,et al. A New Discriminative Sparse Representation Method for Robust Face Recognition via l2 Regularization[J]. IEEE Trans Neural Netw Learn Syst,2017,28(10):2233 – 2242.

[71] Zhang L,Yang M. Sparse representation or collaborative representation:Which helps face recognition?[C]// International Conference on Computer Vision. IEEE,2012:471 – 478.

[72] Liu G,Lin Z,Yan S,et al. Robust Recovery of Subspace Structures by Low – Rank Representation[J]. IEEE Transactions on Pattern Analysis & Machine Intelligence,2013,35(1):171 – 184.

[73] 王志良. 人工心理[M]. 北京:机械工业出版社,2007.

[74] Han J,Zhang Z,Schuller B. Adversarial training in affective computing and sentiment analysis:Recent advances and perspectives[J]. IEEE Computational Intelligence Magazine,2019,14(2):68 – 81.

[75] Park H W,Gelsomini M,Lee J J,et al. Backchannel opportunity prediction for social robot listeners[C]. 2017 IEEE International Conference on Robotics and Automation(ICRA),Singapore,Singapore,May,2017:2308 – 2314.

[76] Nag S,Bhunia A K,Konwer A,et al. Facial Micro – expression Spotting and Recognition Using Time Contrasted Feature with Visual Memory[C]. 2019 IEEE International Conference on Acoustics,Speech and Signal Processing(ICASSP 2019). Brighton,United Kingdom,May,2019:2022 – 2026.

[77] 王金伟,马希荣,孙济洲. 基于无监督提取表情时空特征的情感识别[J],计算机科学,2014,41(5):266 – 269.

[78] 崔振,山世光,陈熙霖. 结构化稀疏线性判别分析[J]. 计算机研究与发展,2014,51(10):2295 – 2301.

[79] 潘巧明,胡伟俭,李庆华,等.情绪和动机驱动的虚拟人自适应感知模型[J].计算机辅助设计与图形学学报,2015,27(9):1786-1794.

[80] Dalal N, Triggs B. Histograms of oriented gradients for human detection. In Proceedings of the 2005 IEEE Computer Society Conference on Computer Vision and Pattern Recognition(CVPR), San Diego, CA, USA, 20-25 June, 2005:886-893.

内 容 简 介

　　本书着眼于人机交互过程中机器人的情绪理解及认知分析,针对人工心理与情感计算基础理论和方法加以论述,对于目前研究的热点——微表情语义认知的情感交互等问题作了较为详细的介绍,并分析总结了作者长期在养老康复、教育教学等实际应用领域的内容,以帮助读者深入理解机器人人工心理的基础理论和应用技术方法。

　　本书可供从事计算机、自动化、通信及电子信息、模式识别、智能科学、人机交互技术的高等院校教师、研究生、科研机构及相关工程技术人员使用。